U0805947

全国测绘地理信息类职业教育规划教材

地形测量技能训练与习题集

主　编　李永川　王冬梅

黄河水利出版社
·郑州·

内容提要

本书是《地形测量》教材的配套教学用书，分为四部分。第一、二部分包含13个单项技能训练和1个综合实训，内容详细、步骤明晰、可操作性强，使用方便。第三、四部分则包含了数百道练习题，有单选、多选、判断、填空、简答和计算等题型，题型广、题量大，涵盖了全部知识点，可充分巩固学生所学理论知识。为方便学习，本书最后为所有试题设置了参考答案。

本书主要供高职高专院校的工程测量技术、地籍测绘与土地管理、测绘地理信息技术、摄影测量与遥感技术等测量相关专业使用，也可供交通、水利水电、国土、地矿等专业使用，同时也能作为从事以上专业的在职专业技术人员的参考用书。

图书在版编目(CIP)数据

地形测量技能训练与习题集/李永川，王冬梅主编. —郑州：黄河水利出版社，2019.8

全国测绘地理信息类职业教育规划教材

ISBN 978-7-5509-2460-4

Ⅰ. ①地… Ⅱ. ①李… ②王… Ⅲ. ①地形测量-高等职业教育-教学参考资料 Ⅳ. ①P217

中国版本图书馆CIP数据核字(2019)第167785号

策划编辑：陶金志　电话：0371-66025273　E-mail：838739632@qq.com

出 版 社：黄河水利出版社　网址：www.yrcp.com

地址：河南省郑州市顺河路黄委会综合楼14层　邮政编码：450003

发行单位：黄河水利出版社

发行部电话：0371-66026940、66020550、66028024、66022620(传真)

E-mail：hhslcbs@126.com

承印单位：河南承创印务有限公司

开本：787 mm×1 092 mm　1/16

印张：10.5

字数：256千字　印数：1—4 000

版次：2019年8月第1版　印次：2019年8月第1次印刷

定价：29.00元

前 言

先理论后实践，边理论边实践，教、学、练、做一体化，作为高职高专工程测量技术专业、专业群及相关专业的学生，进行充分的实践环节学习和必要的理论知识掌握是专业的基本要求，因此从专业技能培养的角度出发，基于《地形测量》课程标准要求，编写了本书，它是《地形测量》教材必不可缺的教学用书。

在编写过程中，以充分锻炼学生的测量实际操作能力、充分提高学生的理论知识水平为原则，本书分为 4 部分，第一部分包含了 13 个单项技能训练，全面涵盖了《地形测量》各技能点，为了便于操作实施，每个单项技能训练都详细说明实训的组织、仪器配备、实训内容、实训要求和实训目标，为便于学生学习，还有详细的操作步骤和需要注意的问题，并在最后附有实训需要的各种记录表格，方便学生直接填写和使用。第二部分则是综合实训：大比例尺地形图测绘，内容的编写基于工作过程，引用最新国家测量规范，包括导线测量、水准测量、白纸测图和数字测图等四部分，全面而详细地阐述了实训的实施过程，可操作性强，适合各个学校依此开展综合实训。第三部分则对应《地形测量》教材的十个项目，设置了单选、多选、判断、填空、简答和计算等练习题，大部分试题取材于测绘地理信息国家教学资源库《地形测量》试题库。本习题集有如下特点：题目数量大，给学生以充分练习；题型全面，从各个角度来巩固学生所学知识点；题目典型，数据可靠，每一道题经过认真遴选；特别针对四等水准测量和导线测量，以工程案例的方式，从线路布设、原始记录、测站计算到内业平差各个环节进行练习，让学生既学会细节、又懂得整体。第四部分是为习题集搭配了参考答案，方便学生参考学习。

本书由黄河水利职业技术学院李永川、王冬梅担任主编，其中李永川编写测量实训的一般要求、第一部分单项技能训练和第二部分综合实训，王冬梅编写第三部分习题集、第四部分习题集参考答案。

由于编者水平有限，不妥之处敬请读者批评指正。

编 者

2019 年 5 月

前言

[illegible]

目 录

测量实训的一般要求

一、准备工作

(1)每次实训前应认真阅读本实训指导中对应实训内容,明确实训内容、目的和要求。

(2)为使理论与实践更好地相结合,还要提前复习本次实训相关的教材中对应的概念、理论和方法,以便达到更好的实训效果。

(3)按实训指导书要求,小组成员配备好本次实训所需要的工具,如记录板、3H 铅笔、直尺、小刀等。

二、仪器借领

(1)借领时,各组成员按要求进入实训室内,不要随便乱动实训室仪器设备;首先在登记表上填写班级、组别、使用时间、仪器完好情况,借领人签字后将登记表交管理人员;然后在指定地点清点检查仪器和工具。

(2)领取仪器时必须检查:

①仪器箱外观是否完好,锁定装置是否有效。

②背带和提手是否牢固,避免提、背仪器时出现意外。

③脚架与仪器是否相配,脚架是否完好,脚架腿伸缩固定螺旋是否有效。

④打开仪器箱时注意,仪器箱应平放在地面上才能开箱,不要托在手上或抱在怀里开箱,以免将仪器摔坏。

⑤取出仪器前,先观察仪器在仪器箱中的安放位置与方向,以免用完仪器,再装箱时因安放位置不正确而合不上仪器箱或损伤仪器。

(3)实训过程中,各组要妥善保护仪器、工具。各组间不得任意调换仪器、工具。若有损坏或遗失,视情节进行维修或照价赔偿。

(4)实训完毕后,应将所借用的仪器、工具上的泥土清扫干净再交还实训室,由管理人员检查和验收。

三、仪器使用

(一)仪器的取出

(1)无论何种仪器,取出前一定要先松开制动螺旋,以免取出仪器时因强行扭转而损坏制动、微动装置,甚至损坏轴系。

(2)从箱内取出仪器时,应一手握住照准部支架,另一手扶住基座部分,轻拿轻放。

(3)从箱内取出仪器后,要随即盖上仪器箱盖,以免沙尘、杂草等进入箱内。

(4)使用过程中,要注意避免触摸仪器的目镜与物镜,以免玷污目镜与物镜,影响成像质量。禁止用手指或手帕等物去擦仪器的目镜与物镜。

（二）仪器的架设

（1）伸缩式脚架三条腿抽出后，要把固定螺旋拧紧，但不可用力过猛而造成螺旋滑丝；要防止因螺旋未拧紧而使脚架自行收缩摔坏仪器；三条腿拉出的长度要适中。

（2）架设脚架时，三条腿分开的跨度要适中；并得太靠拢容易被碰倒，分得太开容易滑开，都会造成事故。若在斜坡上架设仪器，应使两条腿在坡下（可稍放长），一条腿在坡上（可稍缩短）。若在光滑地面上架设仪器，要采取安全措施（例如用细绳将脚架三条腿连接起来），防止脚架滑动摔坏仪器。

（3）架头高度要适中，放置仪器时，应一手握住仪器，另一手立即旋紧仪器和脚架间的中心连接螺旋，避免仪器从脚架上掉下摔坏。

（4）仪器箱多为薄型材料制成，不能承重，因此禁止蹬、坐在仪器箱上。

（三）仪器的使用

（1）阳光下观测时必须给仪器撑伞，防止日晒和雨淋；雨天应禁止观测；对于电子测量仪器，在任何情况下均应撑伞防护。

（2）任何情况下仪器旁必须有人守护，不得离开仪器；禁止无关人员触碰仪器，注意防止行人、车辆碰撞仪器。

（3）遇到目镜、物镜表面起雾，应静置或通风使水雾散发；镜头上有灰尘时应用仪器箱中的软毛刷拂去，禁止用手帕或其他纸张擦拭，以免擦伤镜面。

（4）操作仪器时，用力要均匀，动作要轻准；制动螺旋不宜拧得过紧，微动螺旋和脚螺旋宜用旋程中间部分；微动螺旋最后动作应顺时针（旋进），以消除隙动差的影响。

（5）转动仪器时，应先松开制动螺旋，然后平稳转动；使用微动螺旋时，应先旋紧制动螺旋；仪器不用时，一定要随手松开制动螺旋。

（四）仪器的迁站

（1）当远距离迁站或通过行走不便的地区时，必须将仪器装箱后再迁站。

（2）当近距离且平坦地区迁站时，可不卸仪器，连同三脚架一起搬迁。首先检查连接螺旋是否旋紧，松开各制动螺旋，将三脚架腿收拢，然后一手托住仪器的支架或基座，一手抱住脚架，竖立起来，平稳行走，禁止将仪器横扛在肩上搬迁。

（3）迁站时，要清点所有的仪器、工具和附件，防止遗失。

（五）仪器的装箱

（1）仪器使用完毕，及时盖上物镜盖，清除仪器表面的灰尘和仪器箱、脚架上的泥土。

（2）仪器装箱前，先松开各制动螺旋，将脚螺旋调至旋程中间部分并大致等高。一手握住支架或基座，另一手将中心连接螺旋旋开，双手将仪器从脚架上取下放入仪器箱内。

（3）仪器装入箱内，若仪器箱能平顺、严密合上，说明放置正确，否则要调试角度，直到正常合上仪器箱盖；确认安放正确后再将各制动螺旋略为旋紧，防止仪器在箱内自由转动而损坏某些部件。

（4）清点箱内附件，若无遗失则将箱盖盖上，扣好搭扣；把仪器和使用登记记录本放置在一起。

（六）测量工具的使用

（1）使用钢尺时，应防止扭曲、打结，防止行人踩踏或车辆碾压，以免折断钢尺；携尺前进时，不得沿地面拖曳，以免钢尺尺面刻划磨损；使用完毕，应将钢尺擦净并涂油防锈。

(2)水准尺和花杆,应注意防止受横向压力,不得将水准尺和花杆斜靠在墙上、树上或电线杆上,以防倒下摔断。

(3)小件工具如垂球、尺垫等,应用完即收,防止遗失。

(七)全站仪的使用

(1)全站仪是结构复杂、价格昂贵的先进测量仪器之一,在使用时必须严格遵守操作规程,要十分爱护仪器,注意仪器的安全。

(2)架设全站仪时,必须及时将中心螺旋旋紧。

(3)在阳光下使用全站仪测量时,一定要撑伞遮掩仪器,禁止用望远镜对准太阳。

(4)在装卸电池时,必须先关断电源。

(5)反光镜的镜面要避免触摸和玷污。不允许用手指或手帕等物去擦拭镜面,须使用专门的柔软镜头纸或织品。

四、观测与记录要求

(一)水准的观测与记录

(1)水准点(已知待定)上立尺时,不得放尺垫。

(2)水准尺应立直,不能左右倾斜,更不能前后俯仰。

(3)在观测员未迁站之前,后视点尺垫不能移动。

(4)前后视距应大致相等,立尺时可用步丈量。

(5)外业观测记录必须在编号、装订成册的手簿上进行,已编号的各页不得任意撕去,记录中间不得留下空页或空格。

(6)一切外业原始观测值和记事项目,必须在现场用铅笔直接记录在手簿中,需修改以及观测结果的作废,禁止擦拭、涂抹与刮补,而应以横线或斜线正规划去,在本格内的上方写出正确数字和文字,并在备注栏注明原因。

(7)同一测站内不得有两个相关数字"连环更改"。如更改了标尺的黑面前两位读数后,就不能再改同一标尺的红面前两位读数,有连环更改记录应立即废去重测。

每站 8 个原始观测值的厘米和毫米位读数,不论任何原因都严禁更改,而应将该测站的观测结果废去重测。

(8)对于中丝读数,要求读记四位数,前后的 0 都要读记。

(9)作业手簿必须经过小组认真地检查,确认合格后,方可提交上一级检查验收。

(二)角度的观测与记录

(1)仪器高度要和观测者的身高相适应;三脚架要踩实,仪器与脚架连接要牢固,操作仪器时不要手扶三脚架,走动时要防止碰动脚架,使用各种螺旋时用力要适当,不可过猛过大。

(2)对中要认真、仔细,特别是对于短边观测水平角时,对中要求应更严格。

(3)当观测目标为高低相差较大时,更需注意仪器整平。

(4)观测目标要竖直,尽可能用十字丝中心部位瞄准目标(花杆或旗杆)底部,并注意消除视差。

(5)有阳光照射时,要打伞遮光观测;一测回观测过程中,不得再调整照准部管水准器气泡;如气泡偏离中心超过 1 格时,应重新整平仪器、重新观测;在成像不清晰的情况下,要停止观测。

(6)一切原始观测值和记事项目,必须现场记录在正式外业手簿中,字迹要清楚、整齐、美观、不得涂改、擦改、重笔、转抄。手簿中各记事项目,每一测站或每一观测时间段的首末页都必须记载清楚、填写齐全。

(7)在一个测站上,只有当观测结果全部计算,检查合格后,方可迁站。

(8)原始记录不得涂改、转抄;铅笔粗细适当,字迹工整,记错的可用直线正规划去,并在旁边写上正确读数,但不得连环涂改;手簿项目填写齐全,不留空页,不撕页;记录数字字体正规,符合规定。

(9)读记错误的秒值不许改动,否则应重新观测。读记错误的度、分值,必须在现场更改,但同一方向盘左、盘右、半测回方向值三者不得同时更改两个相关数字,同一测站不得有两个相关数字连环更改,否则均应重测。

(10)凡更改错误,均应将错误数字、文字用横线整齐划去,在其上方写出正确数字或文字。原错误数字或文字应仍能看清,以便检查。需重测的方向或需重测的测回可用从左上角至右下角的斜线划去。凡划改的数字或划去的不合格成果,均应在附注栏内注明原因。需重测的方向或测回,应注明其重测结果所在页数。废站也应整齐划去并注明原因。

(11)补测或重测结果不得记录在测错的手簿页数的前面。

(三)距离的观测与记录

(1)应在大气稳定和成像清晰的气象条件下进行观测,晴天日出后与日落前半小时内不宜观测,中午可根据地区、季节和气象情况留有适当的间歇时间。阴天有微风时,可全天观测。

(2)在雷雨前后、大雾、大风、雨、雪天气及大气透明度很差的情况下,不应观测。

(3)在晴天作业时,应给仪器遮阳,不应将镜头对向太阳,也不宜顺光、逆光观测。

(4)作业中使用的棱镜应与检验时使用的棱镜一致,注意棱镜常数(一般为 -30 mm、+30 mm 和 0 mm)的设置必须正确。

(5)一般观测值取平距,电磁波测距一测回指照准目标一次,一般读数四次,若四次读数较差不超过 5 mm(针对Ⅰ级测距仪)或 10 mm(针对Ⅱ级测距仪),取中数为最终距离。

(6)一测回四次读数为原始观测值,若出现读错、记错,米、分米位可以正常划改,厘米、毫米位禁止划改,需重新观测;字迹要清楚、整齐、美观、不得涂改、擦改、涂描、转抄数据。

第一部分 单项技能训练

单项技能训练一 水准仪的认识和使用

一、计划与准备

(一)学生分组

实训小组由3~5人组成,分别作为观测员、记录员、扶尺员等,设组长1人。

(二)仪器配置

(1)实训室配备DS_3型水准仪1台、脚架1个、水准尺1对、尺垫2个。

(2)小组配备记录板(含记录簿)1块、记录表格、铅笔1支、小刀1把。

(三)实训时间

实训时间为2学时。

(四)实训场地

实训场地为多功能测绘实训场或水准测量专用实训场。

(五)任务内容与要求

(1)每人按安置、粗平、瞄准、精平、读数的步骤,练习观测竖立于高低不同地面的2根水准尺的读数,编号分别为A、B,记录于水准仪认识使用观测记录表。

(2)能够判断立尺点的高低,分别用高差法、视线高法计算高程。

(六)实训目标

(1)了解DS_3型水准仪各部件的名称及作用。

(2)练习水准仪的安置、粗平、瞄准、精平与读数。

(3)测量地面两点间的高差,判断地面点高低,分别用高差法、视线高法计算高程。

二、实施

(一)水准仪认识

DS_3型水准仪见图1-1。

(二)水准仪使用

1.安置仪器

1)水准仪的安置

测量仪器所安置的地点称为测站,在选好的测站上松开脚架伸缩螺旋,按需要调整架腿的长度,将螺旋拧紧。将三脚架张开,使其高度在胸口附近,架头大致水平,并将脚架尖踩入土中,力求踩实,然后用连接螺旋将仪器连接在三脚架上。做到高度适当,架头大致水平,安置稳固可靠。

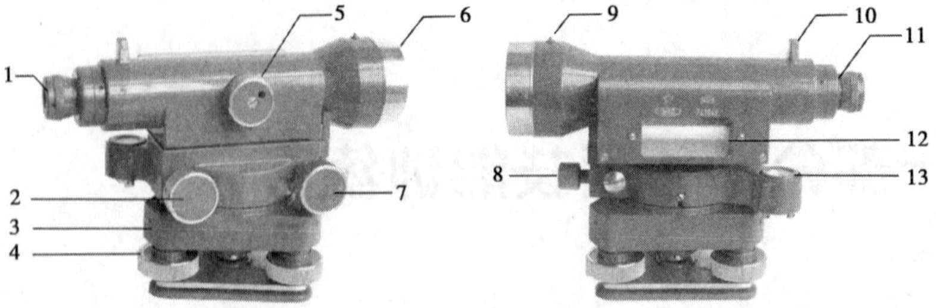

1—望远镜目镜;2—微倾螺旋;3—基座;4—脚螺旋;5—物镜调焦螺旋;6—望远镜物镜;
7—微动螺旋;8—制动螺旋;9—准星;10—缺口;11—气泡观察镜;12—水准管;13—圆水准器

图 1-1 DS_3 型水准仪

2)竖立标尺

要求先放尺垫,再竖立、扶稳标尺。

仪器安置完毕,应认识仪器各部件的名称和作用,认识标尺的刻划及读数的方法。尤其应注意的是:不进行观测时,制动螺旋处于松开状态。

2. 粗平

(1)相对转动两个脚螺旋,使圆水准器的水准气泡移向两脚螺旋的中间位置。

(2)转动第三个脚螺旋,使气泡移到圆水准器的中心。

3. 瞄准后视标尺

开始的瞄准工作要经历粗瞄、对光、精瞄的过程,同时应注意消除视差。使望远镜十字丝竖丝对准标尺的中央。用望远镜瞄准水准尺的步骤如下:

(1)目镜调焦,使十字丝最清晰。

(2)放松制动螺旋,转动望远镜,通过望远镜上的缺口和准星初步瞄准水准尺,拧紧制动螺旋;进行物镜调焦,使水准尺分划十分清晰。

(3)旋转微动螺旋,使水准尺像的一侧靠近十字丝竖丝(便于检查水准尺是否竖直)。

(4)眼睛略做上下移动,检查十字丝与水准尺分划像之间是否有相对移动(检查是否存在视差);如果存在视差,则重新进行目镜调焦与物镜调焦,以消除视差。

4. 精平

转动微倾螺旋,观察符合水准管气泡影像是否符合,实现望远镜视准轴精确整平。

5. 读数与记录

根据望远镜视场中十字丝横丝所截取的标尺刻划,读取该刻划的数字。读数后再检查一下符合水准管气泡两端的半影像是否吻合。若气泡不吻合,则应重新精平,重新读数。读数的方法是先小后大。记录按读数的先后顺序回报,回报无异议后及时记录数据至水准仪认识使用观测记录表,见表 1-1。

以上 3 ~5 步骤是观测后视尺的操作,获得第一次观测数据,后视上丝、下丝及中丝读数。计算后视距离。

$$视距=(上丝-下丝)\times 0.1(m)$$

6. 瞄准前视标尺

一测站前、后视距基本相等,瞄准前视尺不必重新进行物镜调焦或物镜对光。

7. 精平

方法同第 4 步骤。

表 1-1 水准仪认识使用观测记录表

测站	测次观测员	后视上丝	后视下丝	前视上丝	前视下丝	后视 A 点中丝读数	前视 B 点中丝读数	$h_{AB}=a-b$	后视高程	前视高程	限差	
		后视距离		前视距离					视线高		视距差	高差之差

8. 读数记录

方法同第 5 步骤，计算前视距离及高差。

视距公式同上，高差计算公式为：

$$h_{AB}=a-b$$

式中，a 为后视中丝读数；b 为前视中丝读数；h_{AB} 为 A、B 两点间的高差。

前视点 B 高程为

$$H_B=H_A+h_{AB}=\text{视线高}-\text{前视中丝读数}=(H_A+a)-b$$

（三）注意事项

（1）将水准仪脚螺旋调到可上可下的中间位置，三脚架头应大致水平，仪器安放到三脚架头上，必须旋紧连接螺旋，使连接牢固。

（2）转动脚螺旋可使水准仪粗略整平。转动脚螺旋时要用“气泡移动的方向与左手拇指的旋转方向一致”的原则进行。

（3）瞄准目标必须消除视差；水准尺必须扶竖直；掌握标尺刻划规律；读数应按刻划顺序读取（不管上下，只管由小到大）。

（4）后视与前视（或间视）读数之间切忌转动脚螺旋，只能调节微倾螺旋。从而保证了同一个测站的视线高度是一致的，否则读取的前后读数是不能用的。

(5)理解一个测站的后视点、前视点、间视点、后视读数、前视读数、间视读数、视线高的概念,不要混淆。

(6)测量资料的记录要求。

①观测记录必须直接填在规定的表格上,不得用其他纸张记录再行转抄。

②所有记录与计算均用铅笔(2H 或 3H)记录。字体应端正清晰,字高应稍大于格子的一半,不超过格子的 2/3。以便留出空隙对错误的数字进行更正,不得使原字模糊不清。

③记录整个部分淘汰时可用斜线划去,保持被淘汰的数字仍然清晰。

④禁止连环更改,若已修改了平均数,则不准再改计算得到此平均数的任何一原始数。若已改正了一个原始读数,则不准再改其平均数。假如两个读数均错误,则应重测重记。

⑤原始观测的尾部读数不准更改,应将该部分观测结果废去重测。水准测量厘米及毫米的读数划改应作废,重测本测站。

⑥记录的数字应写齐规定的个数,水准测量以毫米为单位,记录字数 4 个,如水准测量中读数 325 mm,应记为 0325。

⑦禁止擦拭、涂改与挖补。发现错误应在错误处用横线划去,将正确数字写在原数上方。

⑧水准测量外业记录及计算部分取位见表 1-2。

表 1-2 外业记录与计算取位

视距(m)	视距总和(km)	中丝读数(mm)	高差中数(mm)	高差总和(mm)
1.0	0.01	1.0	0.1	1.0

三、训练成果与学习报告

(一)完成下列填空

(1)安置仪器后,转动__________使圆水准气泡居中,转动__________看清十字丝,通过________概略地瞄准水准尺,转动________精确照准水准尺,转动________消除视差,转动________使符合水准器气泡居中,最后读数。

(2)消除视差的步骤是转动______使______清晰,再转动______使______清晰。

(二)观测、记录与计算

(1)现场填写水准仪认识使用观测记录表(见表 1-1)。

(2)记录水准尺上读数:A 尺的读数为______m。B 尺的读数为______m。

(三)计算(假设 A 点的高程 $H_A = 70.369$ m)

(1)A 点比 B 点(高、低)______。

(2)A、B 两点的高差 h_{AB} = ______m,求 B 点的高程 H_B = ______m。

(3)水准仪的视线高 H_i = ______m,求 B 点的高程 H_B = ______m。

(四)读数

读出图 1-2 中水准仪在水准尺上的读数(上、中、下三丝)。

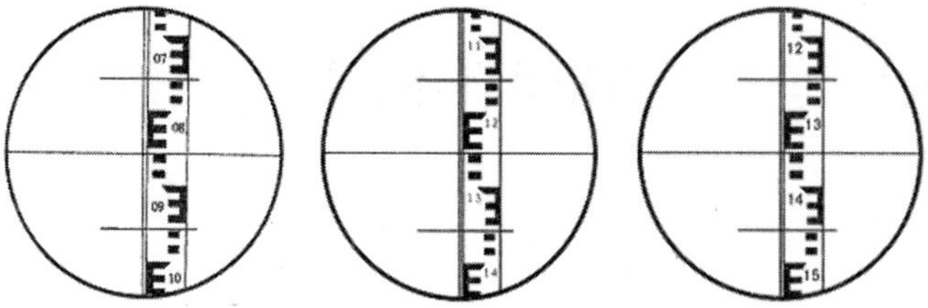

图 1-2　水准尺读数练习

(上:________m)(上:________m)(上:________m)
(中:________m)(中:________m)(中:________m)
(下:________m)(下:________m)(下:________m)

(五)回答问题

(1)水准仪安置的高度对测算地面两点间高差或各点高程有无影响?

(2)什么是视差?如何消除视差?

单项技能训练二　图根水准测量

一、计划与准备

(一)学生分组

实训小组由 3 ~5 人组成,分别作为观测员、记录员、扶尺员等,设组长 1 人。

(二)仪器配置

(1)实训室配备 DS_3 型水准仪 1 台、脚架 1 个、水准尺 1 对、尺垫 2 个。

(2)小组配备记录板(含记录簿,见表 1-3)1 块、记录表格、铅笔 1 支、小刀 1 把。

(三)实训时间

实训时间为 4 学时。

(四)实训场地

实训场地为多功能测绘实训场或水准测量专用实训场。

(五)任务内容与要求

(1)技术依据为《国家三、四等水准测量规范》(GB/T 12898—2009)。

表 1-3　图根水准测量手簿

日期:________　　天气:________　　观测者:__________

班组:__________　　仪器:________　　记录者:__________

测站	测点	后视读数	前视读数	高差		高程
				+	-	
计算校核		$\sum a - \sum b =$		$\sum h =$		

(2)每组、每人完成一个测段,2 个测站。

(3)每组布设一条 4 测段闭合水准路线。

(4)高差闭合差计算与调整。

(六)实训目标

(1)掌握普通水准测量的观测、记录、计算和校核。

(2)熟悉单一水准路线的布设形式。

(3)要求在 4 学时内完成一条 4 测段闭合水准路线,计算各待定点高程,填入表 1-4。

表 1-4　水准路线高程计算表格

测段编号	点号	距离(km)	测站数(个)	实测高差(m)	改正数(m)	改正后的高差(m)	高程(m)	备注
1	2	3	4	5	6	7	8	9
辅助计算								

二、实施

(一)观测步骤

(1)将水准尺立于已知高程的水准点上作为后视,水准仪置于施测路线附近合适的位置,在施测路线的前进方向上取仪器至后视大致相等的距离放置尺垫,竖立水准尺作为前视,注意视距不超过 100 m。

(2)瞄准后尺,精平后用中丝读取后视读数,转动望远镜,瞄准前尺,精平后用中丝读取前视读数,分别记录、计算。

(3)迁至下一站,重复上述操作程序,直至全部路线施测完毕。

(4)根据已知点高程及各测站高差,计算水准路线的高差闭合差,并检查高差闭合差是否超限,其限差公式为

$$f_{h允} = \pm 40\sqrt{L} \quad (\text{mm})$$

或 $$f_{h允} = \pm 12\sqrt{n} \quad (mm)$$
式中,L 为水准路线的长度,km;n 为测站数。

(5)若高差闭合差在容许范围内,则对高差闭合差进行调整,计算各待定点的高程。

(二)记录表格及成果计算表格

图根水准测量手簿见表1-3,成果计算表格见表1-4。

(三)注意事项

(1)每次读数前水准管气泡要严格居中。

(2)注意用中丝读数,不要误读为上、下丝读数,读数时要消除视差。

(3)后视尺垫在水准仪搬动前不得移动,仪器迁站时,前视尺垫不能移动。在已知高程点和待定高程点上不得放尺垫。

(4)水准尺必须扶直,不得前后左右倾斜。

三、训练成果与学习报告

(一)记录与计算

完成表1-3、表1-4的记录与计算。

(二)填空

(1)单一水准路线布设形式是________、________和支水准路线。

(2)水准测量________放尺垫、________不放尺垫。

(三)回答问题

(1)水准测量中,何为转点,有何作用?

(2)水准仪提供水平视线的条件是什么?

(3)水准测量由后视转成前视,发现圆水准器气泡偏离中心,应如何处理?

单项技能训练三　四等水准测量

一、计划与准备

(一)学生分组

实训小组由3~5人组成,分别作为观测员、记录员、扶尺员等,设组长1人。

(二)仪器配置

(1)实训室配备:DS_3型水准仪1台、脚架1个、水准尺1对、尺垫2个。

(2)小组配备。记录板(含记录簿)1块、记录表格、3H铅笔1支、小刀1把。

(三)实训时间

实训时间为4学时。

(四)实训场地

实训场地为测绘单项技能训练实训场或风雨测量实训场。

(五)任务内容与要求

(1)技术依据为《国家三、四等水准测量规范》(GB/T 12898—2009)。

(2)每人完成一个测段,2个测站。

(3)布设一条4测段闭合水准路线。

(4)高差闭合差计算与调整。

(六)实训目标

(1)掌握四等水准测量的观测、记录、计算和校核。

(2)熟悉四等水准测量的主要技术要求、水准路线的布设及闭合差的计算。

(3)要求在4学时内完成一条四等闭合水准测量(每测段2站,合计8站),计算各待定点高程。

二、实施

(一)选择路线

选择一条闭合水准路线,按下列顺序逐站进行观测。

(1)照准后视尺黑面,精平后读取上丝、下丝、中丝读数。

(2)照准后视尺红面,精平后读取中丝读数。

(3)照准前视尺黑面,精平后读取上丝、下丝、中丝读数。

(4)照准前视尺红面,精平后读取中丝读数。

(二)数据记录与计算

将观测数据记入表中相应栏中,计算和校核要求如下:

(1)视线高度以三丝均能读数为准。

(2)视线长度不超过100 m。

(3)前、后视距差不超过±3 m,视距累积差不超过±10 m。

(4)黑红面读数差不超过±3 mm。

(5)黑红面高差之差不超过±5 mm。

(6)高差闭合差不超过 $\pm 20\sqrt{L}$ mm，L 为水准路线的长度，以 km 为单位。

(三)注意事项

(1)观测的同时，记录员应及时进行测站计算检核，符合要求方可迁站，否则应重测。

(2)仪器未迁站时，后视尺不得移动；仪器迁站时，前视尺不得移动。

(四)记录表格

四等水准测量手簿见表 1-5。

表 1-5　四等水准测量手簿

测站编号	测点编号	后尺 上丝	前尺 上丝	方向及尺号	标尺读数 黑面	标尺读数 红面	$K+$黑－红	高差中数	备注
		后尺 下丝	前尺 下丝						
		后距	前距						
		视距差 d	$\sum d$						
				后					后视标尺
				前					
				后－前					
				后					
				前					
				后－前					
				后					
				前					
				后－前					
				后					
				前					
				后－前					
				后					
				前					
				后－前					
				后					
				前					
				后－前					
				后					
				前					
				后－前					
				后					
				前					
				后－前					
				后					
				前					
				后－前					
				后					
				前					
				后－前					

三、训练成果与学习报告

（一）记录与计算

完成表 1-5、表 1-6 的记录与计算。

表 1-6　四等水准点高程计算表

点名	路线长（km）	观测高差（m）	改正数（mm）	改正后高差（m）	高程（m）
Σ					

f_h(mm) =

$f_{h限}$(mm) = $\pm 20\sqrt{L}$ =

（二）填空

（1）四等水准测量一测站观测________个数据。

（2）四等水准测量各项是最大视距不大于________m，前后视距差不大于________m，视距累积差不大于________m，黑红面读数差不大于________mm，黑红面高差之差不大于________mm，高差允许闭合差为________mm 或________mm。

（三）回答问题

（1）四等水准测量为何限制前后视距差？

(2)四等水准测量计算出黑红面高差,如何计算高差中数?

单项技能训练四　水准仪的检验与校正

一、计划与准备

(一)学生分组

实训小组由3～5人组成,分别作为观测员、记录员、扶尺员等,设组长1人。

(二)仪器配置

(1)实训室配备DS_3型水准仪1台、脚架1个、水准尺1对、尺垫2个。

(2)小组配备记录板(含记录簿)1块、记录表格、3H铅笔1支、小刀1把。

(三)实训时间

实训时间为2学时。

(四)实训场地

实训场地为测绘单项技能训练实训场或风雨测量实训场。

(五)任务内容与要求

(1)技术依据为《国家三、四等水准测量规范》(GB/T 12898—2009)。

(2)水准仪的一般检视。

(3)圆水准器的水准轴平行于仪器竖轴的检验和校正。

(4)十字丝横丝垂直于仪器竖轴的检验与校正。

(5)管水准轴平行于视准轴的检验与校正。

(六)实训目标

(1)理解水准仪的主要轴线及它们之间的几何关系。

(2)掌握DS_3型微倾式水准仪的检验与校正。

二、实施

(一)水准仪的一般检视

检查三脚架是否稳固,安置仪器后检查制动螺旋、微动螺旋、微倾螺旋、调焦螺旋、脚螺旋转动是否灵活,是否有效,记录在实训报告中。

(二)圆水准器的水准轴平行于仪器竖轴的检验和校正

转动脚螺旋使圆水准器气泡居中,将仪器绕竖轴旋转180°,若气泡仍居中,说明此条件满足,否则需校正。

(三)十字丝横丝垂直于仪器竖轴的检验与校正

用十字丝横丝一端瞄准细小点状目标,转动微动螺旋,使其移至横丝的另一端。若目标始终在横丝上移动,说明此条件满足,否则需要校正。

(四)管水准轴平行于视准轴的检验与校正

1. 检验

如图1-3所示,在平坦地面上选择两个点A、B,使之相距80 m,打入木桩或放置尺垫立尺,把水准仪安置在 A、B 中间,保持前后视距完全相等,测得 A、B 两点间高差为 $h'_{AB} = a'_1 - b'_1$。然后将水准仪迁站至 A、B 延长线上距离 B 点 2 ~ 3 m 的地方,测得 A、B 两点间高差为 $h''_{AB} = a'_2 - b'_2$,并量取水准仪至 A 点、B 点的距离分别为 S_A 和 S_B,代入下面公式进行计算 i 角:

$$i = \frac{h''_{AB} - h'_{AB}}{S_A - S_B} \cdot \rho''$$

若 i 角大于 20″,必须对水准仪进行校正。

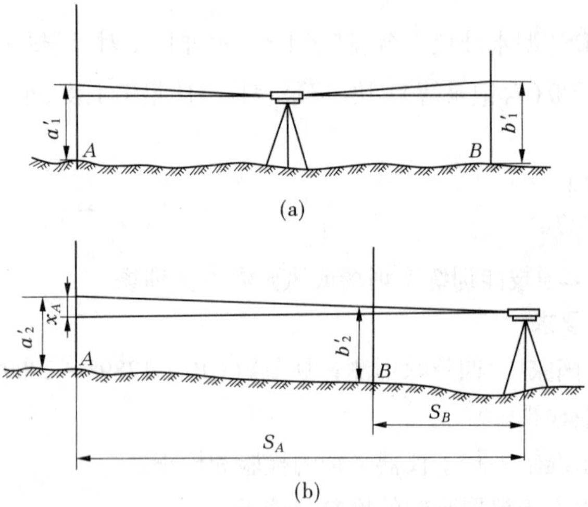

图 1-3　管水准器的检验与校正

2. 校正

保持仪器置于 B 点附近不动,先计算出 A 尺的正确读数 a_2:

$$a_2 = a'_2 - x_A$$

其中

$$x_A = \frac{S_A}{\rho''} \cdot i$$

用微倾螺旋使读数对准 a_2,此时管水准器气泡不居中,调节上下两个校正螺丝使气泡居中即可。该方法的实质是先将视线水平,即读数对准 a_2,然后校正水准轴至水平位置。管水准器的检验与校正需要反复进行,直到 $i < 20''$ 为止。

(五)注意事项

(1)必须按实训步骤规定的顺序进行检验和校正,不得颠倒。

(2)拨动校正螺丝时,应先松后紧,一松一紧,用力不宜过大;校正结束后,校正螺丝不能松动,应处于稍紧状态。

三、训练成果与学习报告

完成表 1-7 的记录与计算。

表 1-7 i 角计算表

第一次读数(mm) 仪器在 A、B 点中间			第二次读数(mm) 仪器在 B 点一端		距离
a'_1			a'_2		S_A = m S_B = m
b'_1			b'_2		
h'_{AB}			h''_{AB}		
	$h''_{AB} - h'_{AB}$ = mm x_A = mm $a_2 = a'_2 - x_A$ = mm				

单项技能训练五　经纬仪的认识与使用

一、计划与准备

(一)学生分组

实训小组由 3 ~4 人组成,分别作为观测员、记录员、司镜员等,设组长 1 人。

(二)仪器配置

(1)实训室配备 DJ_6 型光学经纬仪 1 台、脚架 1 个、测钎 2 支。

(2)小组配备记录板(含记录簿)1 块、记录表格、铅笔 1 支、小刀 1 把。

(三)实训时间

实训时间为 2 学时。

(四)实训场地

实训场地为测绘单项技能训练实训场或风雨测量实训场。

(五)任务内容与要求

(1)技术依据为《城市测量规范》(CJJ/T 8—2011)。

(2)经纬仪的认识和一般检视。

(3)经纬仪安置。

(4)读数练习。

(六)实训目标

(1)了解 DJ_6 型光学经纬仪或全站仪的基本构造及主要部件的名称和作用。

(2)掌握经纬仪的基本操作方法——对中、整平、瞄准、读数。

(3)掌握用 DJ_6 型经纬仪或 5″全站仪进行测回法水平角观测的操作、记录和计算方法。

二、实施

(一)经纬仪的认识与使用

(1)认清 DJ_6 型光学经纬仪的构造和各部件的名称。图 1-4 为 DJ_6 型光学经纬仪的外形及部件名称。

(2)经纬仪的安置和水平角观测的操作。在指定的地面点上,安置经纬仪作为测站点,瞄准测钎或觇牌,做水平角观测的读数练习。

①对中。经纬仪的对中是把仪器的中心安置在通过测站点的铅垂线上。

②整平。经纬仪的基座上有圆水准器,照准部上有平盘水准管,因此经纬仪的整平也分下列两步实现。

粗平:松开三脚架架腿制动螺旋,调节三脚架,升降架腿使圆水准器气泡居中,调整原则是圆水准器气泡偏向哪一侧,说明该侧高,降低这一侧架腿或升高相反方向一侧架腿即可,最终使圆水准器气泡在各个方向都居中。

精平:用管水准器精平时,先让管水准器平行于某两个脚螺旋的连线,如图 1-5(a)所示,同时向里或同时向外旋转这两个脚螺旋,使气泡居中。然后转动照准部 90°,使管水准器垂直于该两个脚螺旋连线,如图 1-5(b)所示,只转动第三个脚螺旋,使气泡居中,多个方

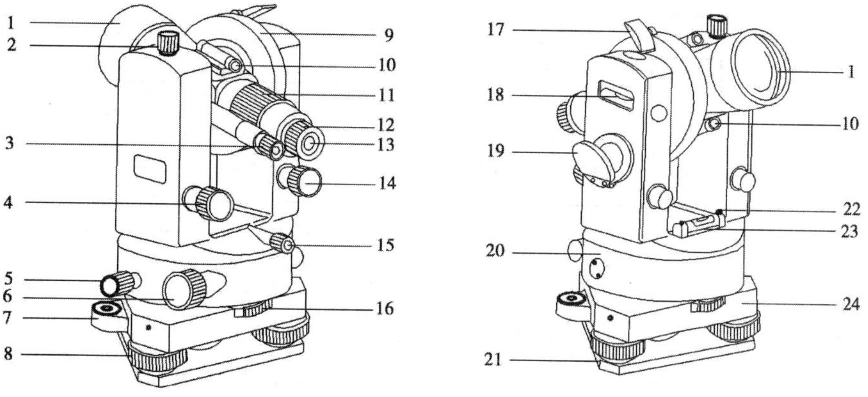

1—望远镜物镜;2—望远镜竖直制动螺旋;3—度盘读数窗口;4—望远镜竖直微动螺旋;5—照准部水平制动螺旋;6—照准部水平微动螺旋;7—圆水准器;8—脚螺旋;9—竖盘;10—瞄准器;11—望远镜物镜调焦环;12—望远镜目镜调焦环;13—望远镜目镜;14—竖盘水准管微倾螺旋;15—光学对点器;16—水平度盘位置变换轮;17—指标水准管反光镜;18—竖盘指标水准管;19—进光孔(照明镜);20—水平度盘;21—基座底板;22—管水准器校正螺丝;23—管水准器;24—基座

图 1-4　DJ_6 型经纬仪的构造

向调节,直到各方向管水准器气泡均居中。

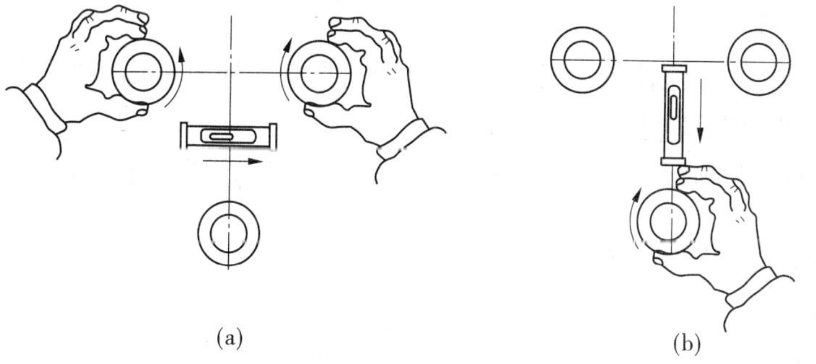

图 1-5　用管水准器精平

以上步骤反复 1 ~2 次,使照准部转到任何位置时水准管气泡的偏离不超过 1 ~2 格。

③瞄准。松开照准部上的水平制动螺旋,用望远镜上的瞄准器对准目标(测钎或觇牌)使位于望远镜的视场内,旋紧望远镜制动螺旋和水平制动螺旋。目镜调焦,使十字丝清晰;物镜调焦,使目标像清晰;消除视差(与水准仪操作相同)。旋转望远镜微动螺旋,使目标像的高低适中;旋转水平微动螺旋,使目标像被十字丝的单根竖丝平分或被双根竖丝夹在中央,完成水平方向的瞄准。

④读数。调整度盘照明镜的位置,使读数窗亮度适当;旋转度盘读数镜的目镜,使度盘分划清晰。利用测微装置进行 DJ_6 型经纬仪读数,度与分精读,秒估读至 0.1′即 6″,就是说秒值需是 6″的整倍数。

图 1-6(a)中水平与竖直方向值读数分别为 226°47′54″和 85°26′54″,图 1-6(b)中水平和竖直方向值读数分别为 148°00′00″和 265°01′06″,图 1-6(b)水平方向值读数为特殊情形。

⑤其他练习。盘左盘右进行观测的练习:松开望远镜制动螺旋,纵转望远镜从盘左转为

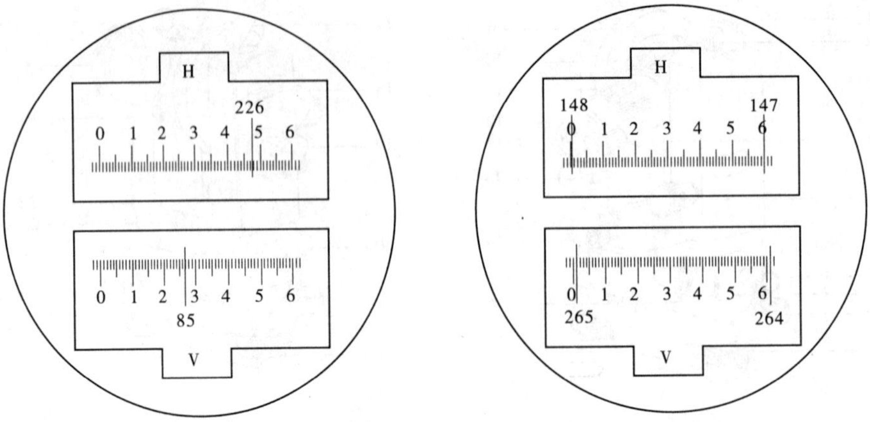

(a)　　(b)

图 1-6　经纬仪读数练习

盘右(或相反),进行瞄准目标和读数的练习。

改变水平度盘位置的练习:旋紧水平制动螺旋,打开保护盖,转动水平度盘位置变换轮,从度盘读数镜中观察水平度盘读数的变化情况,并试对准某一整数度数,例如 0°00′00″、90°00′00″等,最后盖好保护盖。

(二)注意事项

(1)经纬仪对中时,应使三脚架架头大致水平,否则会导致仪器整平的困难。安置经纬仪时,与地面点的对中误差应小于 2 mm。

(2)瞄准目标时,应尽量瞄准目标底部,以减少由于目标倾斜引起水平角观测的误差。

三、训练成果与学习报告

(一)填空

(1)经纬仪由________、________、________组成。

(2)简述经纬仪对中、整平的操作步骤。

(二)名词解释

(1)视准轴

(2)水平角

(3)管水准轴

(三)粗平

用箭头标明如何转动三只脚螺旋,使图 1-7 中所示的水准管气泡居中。

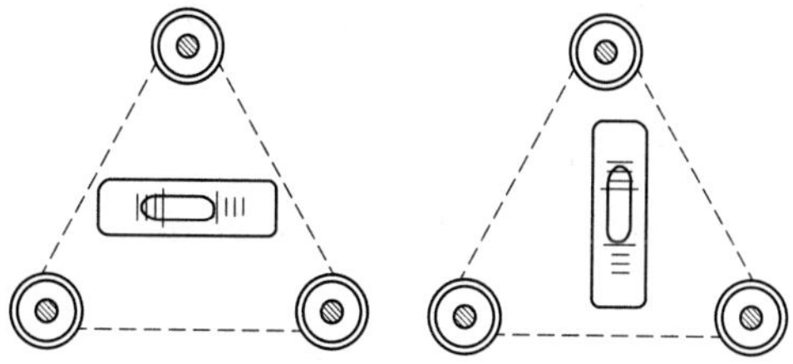

图 1-7

单项技能训练六　测回法观测水平角

一、计划与准备

（一）学生分组

实训小组由 3 人组成，分别作为观测员、记录员、司镜员等，设组长 1 人。

（二）仪器配置

(1) 实训室配备 DJ_6 型光学经纬仪 1 台、脚架 1 个、测钎 2 支。

(2) 小组配备记录板（含记录簿）1 块、记录表格、3H 铅笔 1 支、小刀 1 把。

（三）实训时间

实训时间为 2 学时。

（四）实训场地

实训场地为测绘单项技能训练实训场或风雨测量实训场。

（五）任务内容与要求

(1) 技术依据为《城市测量规范》（CJJ/T 8—2011）。

(2) 经纬仪安置。

(3) 测回法观测水平角一测回，角色轮换时，重新配置度盘。

(4) 完成四边形角度测量。

（六）实训目标

(1) 了解 DJ_6 型光学经纬仪或全站仪的基本构造及主要部件的名称和作用。

(2) 掌握经纬仪的基本操作方法——对中、整平、瞄准、读数。

(3) 掌握用 DJ_6 型经纬仪或 5″全站仪进行测回法水平角观测的操作、记录和计算方法。

二、实施

（一）测回法观测水平角

测回法为测定某一单独的水平角的最常用的方法。设测站为 O，右目标为 A，左目标为 B，测定水平角 β，其方法与步骤如下：

(1) 经纬仪安置于测站 O，经过对中与整平，盘左位置（垂直度盘在望远镜左边）瞄准左目标 B，得读数 $b_{左}$，记下该水平度盘读数。

(2) 瞄准右目标 A 得读数 $a_{左}$，记下该水平度盘读数。

(3) 计算盘左半测回测得的水平角值：$\beta_{左} = a_{左} - b_{左}$。

(4) 倒转望远镜成盘右位置（垂直度盘在望远镜右边），瞄准右目标 A，得读数 $a_{右}$，记下该水平度盘读数。

(5) 瞄准左目标 B，得读数 $b_{右}$，记下该水平度盘读数。

(6) 计算盘右半测回测得的水平角值：$\beta_{右} = a_{右} - b_{右}$。

(7) 若 $\beta_{左}$ 与 $\beta_{右}$ 的差值不大于 36″，则取其平均值作为一个全测回（简称一测回）的水平角值：$\beta = (\beta_{左} + \beta_{右})/2$。

(8) 该角进行第 2 个测回时，盘左瞄准左目标后，用水平度盘位置变换轮，改变度盘读数约 90°，然后进行精确读数。

观测时，每一水平度盘读数均当场记入“测回法水平角观测记录表”，并当场计算半测回角值和平均角值，测回间角度值差不大于 24″。

（二）注意事项

（1）经纬仪对中时，应使三脚架架头大致水平，否则会导致仪器整平困难。安置经纬仪时，与地面点的对中误差应小于 2 mm。

（2）瞄准目标时，应尽量瞄准目标底部，以减少由于目标倾斜引起的水平角观测误差。

（3）用分微尺进行度盘读数时，可估读至 0.1′，估读必须准确。

（4）观测过程中若发现水准管气泡偏移超过 2 格时，应重新整平仪器，并重测该测回。

三、训练成果与学习报告

（1）完成表 1-8 的记录与计算。

表 1-8　测回法水平角观测记录表

测站	测回	竖盘位置	目标	水平度盘读数（°　′　″）	半测回角值（°　′　″）	一测回角值（°　′　″）	各测回平均角值（°　′　″）	备注
		左						
		右						
		左						
		右						
		左						
		右						
		左						
		右						
		左						
		右						

续表 1-8

测站	测回	竖盘位置	目标	水平度盘读数 (°　′　″)	半测回角值 (°　′　″)	一测回角值 (°　′　″)	各测回平均角值 (°　′　″)	备注
		左						
		右						
		左						
		右						
		左						
		右						
		左						
		右						
		左						
		右						

(2)经纬仪的主要轴线有哪些？它们之间正确的几何关系是什么样的？

(3)盘左盘右求平均的方法可以消除水平角测量中的哪些误差？

(4)试分析表1-9中角度测量的误差类型及消除、减小、改正方法。

表1-9 角度测量误差

测量工作	误差名称	误差类型	消除、减小、改正方法
角度测量	对中误差		
	目标倾斜误差		
	瞄准误差		
	读数估读不准		
	管水准轴不垂直竖轴		
	视准轴不垂直横轴		
	度盘偏心差		

单项技能训练七　方向法观测水平角

一、计划与准备

(一)学生分组

实训小组由 4 人组成,分别作为观测员、记录员、司镜员等,设组长 1 人。

(二)仪器配置

(1)实训室配备 DJ_6 型光学经纬仪 1 台、脚架 1 个、测钎 4 支。

(2)小组配备。记录板(含记录簿)1 块、记录表格、3H 铅笔 1 支、小刀 1 把。

(三)实训时间

实训时间为 2 学时。

(四)实训场地

实训场地为测绘单项技能训练实训场或风雨测量实训场。

(五)任务内容与要求

(1)技术依据为《城市测量规范》(CJJ/T 8—2011)。

(2)方向法观测水平角一测回,角色轮换时,重新配置度盘。

(3)每组完成后方交会角度测量。

(六)实训目标

(1)掌握方向法观测水平角的操作顺序及记录、计算方法。

(2)理解归零、归零差、归零方向值、2C 变化值的概念以及各项限差的规定。

二、实施

(一)观测程序

全圆方向法为观测 3 个以上目标的水平角观测方法,设测站为 O,需要观测 4 个目标 A、B、C、D 的水平方向值(每个小组可以选择与测站距离大致相等的 4 块觇牌作为目标,按顺时针方向为 A、B、C、D,步骤如下:

(1)经纬仪安置于测站 O,对中、整平,盘左位置对第一个目标 A 进行初步瞄准(目镜调焦、物镜调焦、消除视差,将目标置于十字丝交点附近、转紧水平制动螺旋),转动水平度盘变换手轮及测微手轮。使水平度盘读数大约为 $0°00'00''$。

(2)用水平微动螺旋瞄准第一目标 A,水平度盘读数为 a。

(3)顺时针转动照准部,依次瞄准 B、C、D,得到相应的水平度盘读数为 b、c、d。

(4)再顺时针旋转照准部瞄准第一目标 A,水平度盘读数为 a_1,$a-a_1$ 称半测回归零差。

(5)倒转望远镜成盘右位置,瞄准第一目标 A 水平度盘读数为 a'。

(6)逆时针转动照准部,依次瞄准 D、C、B,得到相应的水平度盘读数为 d'、c'、b'。

(7)再逆时针旋转照准部瞄准第一目标 A,水平度盘读数为 a_1',盘右的半测回归零差为 $a'-a_1'$。

以上观测称为一测回,如果进行多测回观测,操作方法和步骤相同,仅是瞄准第一目标后应变换起始度盘。每一测回观测应进行下列检核计算:

①半测回归零差不应超过 ±18″，若在容许范围以内，则取其平均值。

②同一方向各测回互差不应超过 ±24″，超限应重测。

(二)记录

方向法观测水平角记录见表 1-10。

(三)注意事项

(1)应选择远近适中、易于瞄准的清晰目标作为第一目标(起始方向)。

(2)每人应独立观测一个测回，测回间应变换水平度盘位置。

(3)经过检核计算后的“全圆方向法”观测记录作为成果上交。

三、训练成果与学习报告

(1)每位同学对规定的实训内容至少观测一测回，填入表 1-10 中。

表 1-10　方向观测法记录手簿

测站	觇点	读数		$L-R\pm180°$ (2C) (″)	平均读数 (° ′ ″)	一测回归零方向值 (° ′ ″)	各测回平均方向值 (° ′ ″)	角度 (° ′ ″)	备注
		盘左 (° ′ ″)	盘右 (° ′ ″)						

(2)简述测回法与方向法水平角观测的异同及各自适应的测量类型。

单项技能训练八 垂直角观测和竖盘指标差的检验

一、计划与准备

(一)学生分组

实训小组由3~5人组成,分别作为观测员、记录员等,设组长1人。

(二)仪器配置

(1)实训室配备DJ_6型光学经纬仪1台、脚架1个、测钎1支。

(2)小组配备记录板(含记录簿)1块、记录表格、3H铅笔1支、小刀1把。

(三)实训时间

实训时间为2学时。

(四)实训场地

实训场地为测绘单项技能训练实训场或风雨测量实训场。

(五)任务内容与要求

(1)技术依据为《城市测量规范》(CJJ/T 8—2011)。

(2)垂直角观测。

(3)竖盘指标差的检验和校正。

(4)每人用观测1个测回垂直角。

(六)实训目标

(1)了解经纬仪垂直度盘的构造、注记形式、竖盘指标差与竖盘水准管之间的关系。

(2)掌握垂直角观测、记录、计算及竖盘指标差的检验和校正方法。

二、实施步骤

(一)垂直角观测和指标差计算

(1)在地面点上安置经纬仪,对中、整平。

(2)选定某一觇牌或其他明显标志作为目标,盘左,瞄准目标(用十字丝中横丝切于目标顶部或平分目标),转动竖盘水准管微动螺旋,使竖盘水准管气泡居中后,读取垂直度盘读数L。

(3)盘右,作同样的观测、记录,得盘右垂直度盘读数R。

(4)按下式计算指标差x及一测回垂直角α

$$\alpha = \frac{1}{2}(R - L - 180^\circ)$$

$$x = \frac{1}{2}(L + R - 360^\circ)$$

(5)每人至少向同一目标观测两测回,或向两个不同目标各观测一测回,指标差对于某一仪器为一常数,限差要求为:

①一般来说,经纬仪指标差$x \leqslant 1'$;观测垂直角对指标差互差Δx有严格的要求,如DJ_6经纬仪$\Delta x \leqslant 25''$(低等级)。

②垂直角互差 $\Delta\alpha$ 的限差同 Δx 的限差。

(二)指标差的检验与校正

(1)检验。各测回观测算得指标差之差是否超限,如果 x 的绝对值大于 $60''$,则需要进行指标差的校正。

(2)校正。盘右瞄准原目标,转动竖盘水准管微动螺旋,将原垂直度盘读数调整到指标差校正后的读数(原读数加或减指标差),拨动竖盘水准管校正螺丝,使气泡居中,反复检校,直至指标差小于规定的数值。

(3)对于有竖盘指标自动归零补偿器的经纬仪,仍会有指标差存在。检验、计算方法同上,算得盘左或盘右经指标差改正后的读数。校正的方法如下:打开校正小窗口的盖板,有两个校正螺丝,等量相反转动(先松后紧)该两螺丝,可以使竖盘读数调整至经指标差改正后的读数。

(三)注意事项

(1)进行垂直角观测瞄准目标时,横丝应通过目标的几何中心(例如觇牌)或切于目标的顶部(例如花杆);每次垂直度盘读数前,应使竖盘水准管气泡居中。

(2)计算垂直角和指标差时,应注意正、负号。

三、训练成果与学习报告

(1)每位同学观测垂直角至少二测回,记入表1-11中。

表1-11 垂直角观测记录表

日期:____年__月__日 仪器:______ 编号:______ 观测者:______ 记录者______

测站	测回	目标	盘左(° ′ ″)	盘右(° ′ ″)	指标差(″)	垂直角(° ′ ″)	垂直角平均值(° ′ ″)

(2)简述一测回垂直角观测步骤、计算方法及相关限差要求。

单项技能训练九　经纬仪的检验和校正

一、计划与准备

(一)学生分组

实训小组由 3 ~5 人组成,分别作为观测员、记录员等,设组长 1 人。

(二)仪器配置

(1)实训室配备 DJ_6 光学经纬仪 1 台、脚架 1 个、测钎 2 支、校正针 1 支、小螺丝刀 1 把。

(2)小组配备记录板(含记录簿)1 块、记录表格、3H 铅笔 1 支、小刀 1 把。

(三)实训时间

实训时间为 2 学时。

(四)实训场地

实训场地为测绘单项技能训练实训场或风雨测量实训场。

(五)任务内容与要求

(1)技术依据为《城市测量规范》(CJJ/T 8—2011)。

(2)管水准轴垂直于竖轴的检验和校正。

(3)圆水准轴平行于竖轴的检验和校正。

(4)十字丝竖丝垂直于横轴的检验和校正。

(5)横轴垂直于竖轴的检验。

(六)实训目标

(1)了解经纬仪的主要轴线间应满足的几何条件。

(2)掌握光学经纬仪检验校正的基本方法。

二、实施

(一)了解经纬仪检验校正的原理和方法

根据水平角和垂直角观测的原理,经纬仪的主要轴线间应满足下列条件:

(1)管水准轴垂直于竖轴($LL \perp VV$)。

(2)圆水准轴平行于竖轴($L'L' /\!/ VV$)。

(3)视准轴垂直于横轴($CC \perp HH$)。

(4)横轴垂直于竖轴($HH \perp VV$)。

(5)十字丝竖丝应垂直于横轴。

(二)经纬仪检验校正

1. 管水准轴垂直于竖轴的检校

检验:初平仪器,转动照准部使水准管平行于一对脚螺旋,转动这对脚螺旋使气泡严格居中;再将照准部旋转 180°,如果气泡仍然居中,则说明管水准轴垂直于竖轴,否则需要校正。

校正:拨动水准管校正螺丝,使气泡返回偏移量一半,用脚螺旋返回偏移量的另一半;反复检校,直至水准管旋转至任何位置时水准管气泡偏移量都在一格以内。

2. 圆水准轴平行于竖轴的检校

检验：经过管水准轴垂直于竖轴的检验与校正以后，用管水准器精平仪器，此时竖轴已铅垂，安装在基座上的圆水准器气泡应该居中，否则需要校正。

校正：用校正针转动圆水准器底部的校正螺旋，使圆水准器气泡居中。

3. 十字丝竖丝垂直于横轴的检校

检验：用望远镜中十字丝交点瞄准墙上一小点 P，旋转望远镜微动螺旋，使竖丝上、下移动，如果 P 点始终不离开竖丝，则说明竖丝垂直于横轴，否则需要校正。

校正：旋下十字丝环护罩，用小螺丝刀松开十字丝外环的固定螺丝，转动十字丝环，使望远镜上、下微动时，P 点始终在竖丝上移动为止，最后旋紧十字丝外环固定螺丝。

4. 横轴垂直于竖轴的检校

在距墙面约 10 m 处安置经纬仪，盘左瞄准墙上高处一目标 P(仰角约 30°)，放平望远镜，在墙面上定出 A 点；盘右再瞄准 P 点，放平望远镜，在墙面上定出 B 点；若 A、B 重合，则横轴垂直于竖轴，若 A、B 相距大于 5 mm，则需要校正。

由于横轴校正设备密封在仪器内部，该项校正应由仪器维修人员进行。

(三)注意事项

(1)按实训步骤进行各项检验校正，顺序不能颠倒，检验数据正确无误才能进行校正，校正结束时，各校正螺丝应处于稍紧状态。

(2)选择仪器的安置位置时，应考虑视准轴和横轴两项检验，既能看到远处水平目标，又能看到墙上高处目标。

三、训练成果与学习报告

实训结束时，上交经纬仪检验与校正记录(见表 1-12)。

表 1-12　经纬仪检验与校正记录表

检验项目	检验和校正过程		
	略图	观测数据	说明
管水准轴垂直于竖轴的检校			
圆水准轴平行于竖轴的检校			
十字丝竖丝垂直于横轴的检校			
横轴垂直于竖轴的检校			

日期：　　　　　　仪器编号：　　　　　　检验者：

单项技能训练十 全站仪测距与测角

一、计划与准备

(一)学生分组

实训小组由3~5人组成,分别作为观测员、记录员等,设组长1人。

(二)仪器配置

(1)实训室配备全站仪1台、脚架3个、棱镜2个、测伞。

(2)小组配备记录板(含记录簿)1块、记录表格、3H铅笔1支、小刀1把。

(三)实训时间

实训时间为2学时。

(四)实训场地

实训场地为测绘单项技能训练实训场或风雨测量实训场。

(五)任务内容与要求

(1)全站仪的认识与使用。

(2)全站仪测距。

(3)全站仪测回法角度测量。

(六)实训目标

(1)掌握全站仪的基本构造和使用方法。

(2)能使用全站仪进行一测回距离测量。

(3)能使用全站仪进行测回法角度观测。

二、实施

(一)全站仪的认识

全站仪基本组成如图1-8所示。

(二)测距

1. 光电测距一测回

光电测距一测回是指照准目标连续进行四次观测,观测值互差限差为10 mm,符合精度要求时,取四次观测值(需取平距)的平均值作为导线边长,把结果记入表1-13。

2. 测距时注意事项

(1)测线宜高出地面和离开障碍物1 m以上,以减小折光影响。

(2)测线避免通过发热体(如散热塔、烟囱等)和较宽水面上空。

(3)测站应避开受电磁场干扰的地方,应离开高压线5 m以外。

(4)测距时避免背景部分有反光物体。

(5)在大气稳定和成像清晰的条件下观测,雾、雨、雪天气不宜观测。

(6)避免暴晒、淋湿仪器,严禁镜头对向太阳。

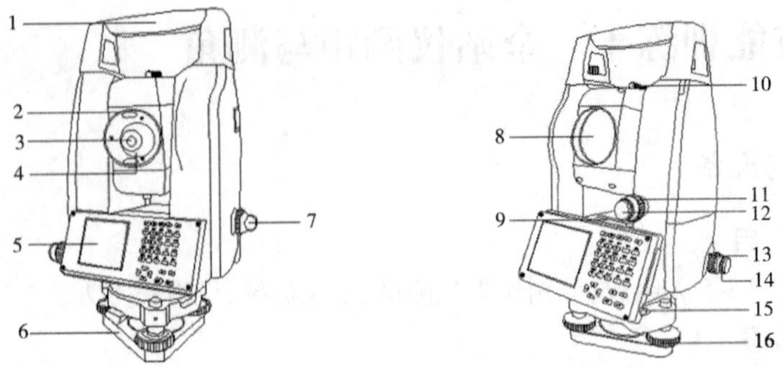

1—手柄;2—物镜调焦螺旋;3—目镜;4—目镜调焦螺旋;5—显示屏和面板;6—基座;
7—光学对中器;8—物镜;9—管水准器;10—准星;11—竖直制动螺旋;12—竖直微动螺旋;
13—水平制动螺旋;14—水平微动螺旋;15—圆水准器;16—脚螺旋

图 1-8　全站仪基本组成

(7)测站、镜站不准离人;手机、对讲机应远离测线使用。

(8)仪器高和棱镜高的量取位置一定要正确。仪器高是地面标志顶部至测距仪示高点的高度;棱镜高是地面标志顶部与棱镜中心(镜框上有标志线)的高度,不是测垂直角(或天顶距)照准的觇牌标志线的高度。

(三)测角

在 O 点安置全站仪,对中、整平,开机,进入测量状态,照准目标点分别为 A、B。

(1)在常规测量界面按“角度”功能键,进入角度测量模式。

(2)盘左,使用水平制动螺旋和水平微动螺旋照准 A 目标,按“置零”或“置盘”,进行度盘置零或配置度盘。

(3)顺时针旋转照准部,瞄准目标,将显示的方向值(HAR)填入相应表格。

(4)盘右,瞄准 B 目标,将显示的方向值填入相应表格。

(5)逆时针旋转照准部,瞄准 A 目标,将显示的方向值填入相应表格。

限差要求:同一角度观测,半测回间角度之差不超过 ±36″;测回间角度之差不超过 ±24″。

每个同学至少观测两测回。

(四)注意事项

(1)望远镜不得对准太阳测距,太阳光会烧毁测距接收器。

(2)在保养物镜、目镜和棱镜时,应吹掉透镜和棱镜上的灰尘,不要用手指触摸透镜和棱镜;只能用清洁、柔软的布清洁透镜,如需要,可用纯酒精弄湿后再用。不要使用其他液体,因为它可能损坏仪器的组合透镜。

(3)全站仪属精密贵重测量仪器,要防日晒、防雨淋、防碰撞振动。严禁仪器直接照准太阳。

(4)中心螺旋要旋紧。

三、训练成果与学习报告

(1)简述全站仪距离测量一测回的过程。有什么限差要求?

(2)简述全站仪测回法角度观测一测回的观测方法、限差要求,需画图说明。

(3)完成表1-13的记录与计算。

表 1-13　测回法角度观测记录表

测站	测回	竖盘位置	目标	水平度盘读数 (° ′ ″)	半测回角值 (° ′ ″)	一测回角值 (° ′ ″)	各测回平均值 (° ′ ″)	距离
		左						
		右						
		左						
		右						
		左						
		右						
		左						
		右						
		左						
		右						
		左						
		右						
		左						
		右						
		左						
		右						
		左						
		右						
		左						
		右						

单项技能训练十一 钢尺距离丈量

一、计划与准备

(一)学生分组

实训小组由 5 ~ 6 人组成,分别作为观测员、记录员等,设组长 1 人。

(二)仪器配置

(1)实训室配备全站仪 1 台、脚架 2 个、棱镜 1 个、钢尺 1 把、花杆 3 根、测钎 2 根、测伞。

(2)小组配备记录板(含记录簿)1 块、记录表格、3H 铅笔 1 支、小刀 1 把。

(三)实训时间

实训时间为 2 学时。

(四)实训场地

实训场地为测绘单项技能训练实训场或风雨测量实训场。

(五)任务内容与要求

(1)直线定线。

(2)一般钢尺量距方法。

(3)全站仪距离测量。

(六)实训目标

(1)掌握钢尺一般量距方法。

(2)钢尺量距相对误差应不大于 1/3 000。

(3)了解全站仪各主要部件的名称和作用。

(4)了解全站仪安装、瞄准和测量方法,基本操作要领。

(5)了解全站仪测量水平距离的方法。

二、实施

(1)钢尺量距一般方法:平坦地面的丈量工作,通过直线定线,由 A 至 B 沿地面逐个标出整尺段位置,丈量 B 端不足整尺段的余长,完成往测。

(2)为检核和提高测量精度,还应由 B 点按同样的方法量至 A 点,称为返测。以往、返丈量距离之差的绝对值 $|\Delta D|$ 与往返测距离平均值 $D_{平均}$ 之比并化成分子为 1 的形式,即相对误差来衡量测距的精度。若精度符合要求,则取往、返测量的平均值作为 A、B 两点的水平距离。

(3)安置全站仪在 A 点上,对中、整平,量取仪器高。

(4)安置棱镜于另一点 B 上。

(5)瞄准棱镜,测量距离。

对比两种距离测量的结果,评定其精度,即相对误差。

(6)注意事项。

①前后尺手动作要配合,定线要直,尺身要水平,尺子要拉紧,用力要均匀,待尺子稳定时再读数;测钎要竖直插下;前、后尺所量测钎的部位应一致;做到一直、二平、三准确。

②钢尺性能脆，易折断，不得在地面拖拉和踩踏，防止打结、扭曲、拖拉，并严禁车碾、人踏，以免损坏，用毕擦净尘土。

三、训练成果与学习报告

(1) 如图 1-9 所示，在 A 点架仪—瞄准 B 点—在 AB 之间用测钎定点 1、2—丈量各段距离。

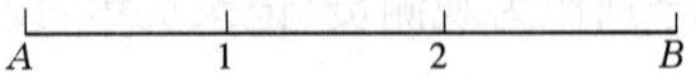

图 1-9

往测时，用钢尺量得：$A1=$ ＿＿＿＿＿＿＿＿，$12=$ ＿＿＿＿＿＿＿＿，$2B=$ ＿＿＿＿＿＿＿＿，

故有：$AB=$ ＿＿＿＿＿＿＿＿。

返测时，用钢尺量得：$B2=$ ＿＿＿＿＿＿＿＿，$21=$ ＿＿＿＿＿＿＿＿，$1A=$ ＿＿＿＿＿＿＿＿，

故有：$BA=$ ＿＿＿＿＿＿＿＿。

则此次丈量的相对精度 $K=$ ＿＿＿＿＿＿＿＿＿＿＿＿＿＿＿＿。

(2) 钢尺的名义长度与实际长度有何区别？

(3) 钢尺量距时为什么要定线？

单项技能训练十二 导线外业测量

一、计划与准备

（一）学生分组

实训小组由 3～4 人组成，分别作为观测员、记录员等，设组长 1 人。

（二）仪器配置

（1）实训室配备全站仪 1 台、脚架 3 个、棱镜 2 个、测伞。

（2）小组配备记录板（含记录簿）1 块、记录表格、3H 铅笔 1 支、小刀 1 把。

（三）实训时间

实训时间为 4 学时。

（四）实训场地

实训场地为测绘单项技能训练实训场或风雨测量实训场。

（五）任务内容与要求

每组完成一导线的水平角观测和导线边长丈量的任务。

（六）实训目标

（1）掌握导线的布设方法（见图 1-10）。

（2）掌握导线的外业观测方法。

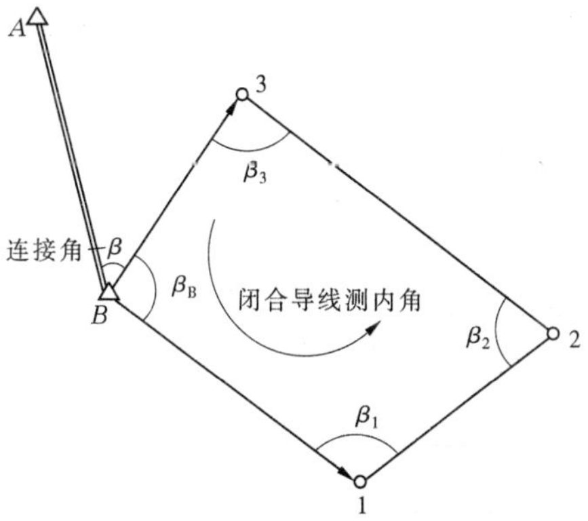

图 1-10　闭合导线示意图

二、实施

（一）角度观测

（1）闭合导线观测内角。

（2）一般沿逆时针路线观测。

（3）采用测回法观测水平角。

（4）限差要求：同一角度，上下半测回角度之差不超过 ±36″，测回间角度之差不超过 ±24″。角度闭合差不超过 $\pm 24\sqrt{n}$。

(二)距离测量

(1)采用全站仪电磁波测距。

(2)只进行往测,测量一测回(照准目标,连续测量 4 次,若较差不超过 ±10 mm,取平均数为最终距离)。

三、训练成果与学习报告

(1)完成表 1-14 中的记录与计算。

表 1-14 闭合导线测量外业记录表

日期:____ 年__月__日 仪器型号:________ 组号:____ 观测者:____ 记录者:____ 参加者:______

<table>
<tr><th rowspan="2">测点</th><th rowspan="2">盘位</th><th rowspan="2">目标</th><th rowspan="2">水平度盘读数
(° ′ ″)</th><th colspan="2">水平角</th><th rowspan="2">边长</th></tr>
<tr><th>半测回值
(° ′ ″)</th><th>一测回值
(° ′ ″)</th></tr>
<tr><td rowspan="4"></td><td rowspan="2"></td><td></td><td></td><td rowspan="2"></td><td rowspan="4"></td><td rowspan="4">边长名:________

平均 = ______m</td></tr>
<tr><td></td><td></td></tr>
<tr><td rowspan="2"></td><td></td><td></td><td rowspan="2"></td></tr>
<tr><td></td><td></td></tr>
<tr><td rowspan="4"></td><td rowspan="2"></td><td></td><td></td><td rowspan="2"></td><td rowspan="4"></td><td rowspan="4">边长名:________

平均 = ______m</td></tr>
<tr><td></td><td></td></tr>
<tr><td rowspan="2"></td><td></td><td></td><td rowspan="2"></td></tr>
<tr><td></td><td></td></tr>
<tr><td rowspan="4"></td><td rowspan="2"></td><td></td><td></td><td rowspan="2"></td><td rowspan="4"></td><td rowspan="4">边长名:________

平均 = ______m</td></tr>
<tr><td></td><td></td></tr>
<tr><td rowspan="2"></td><td></td><td></td><td rowspan="2"></td></tr>
<tr><td></td><td></td></tr>
<tr><td rowspan="4"></td><td rowspan="2"></td><td></td><td></td><td rowspan="2"></td><td rowspan="4"></td><td rowspan="4">边长名:________

平均 = ______m</td></tr>
<tr><td></td><td></td></tr>
<tr><td rowspan="2"></td><td></td><td></td><td rowspan="2"></td></tr>
<tr><td></td><td></td></tr>
<tr><td colspan="2">校核</td><td colspan="5">内角和闭合差 f_β =</td></tr>
</table>

(2)绘图说明导线的布设形式和适用范围。

(3)导线测量的外业工作有哪些?

单项技能训练十三　大比例尺地形图的测绘

一、计划与准备

(一)学生分组

实训小组由 3 ~4 人组成,分别作为观测员、记录员、绘图员等,设组长 1 人。

(二)仪器配置

(1)实训室配备 J_6 经纬仪 1 台、水准尺 1 对、图板与图板架 1 套、图纸、半圆仪、三棱尺、小钢尺、测伞。

(2)小组配备橡皮、记录板(含记录簿)1 块、记录表格、3H 铅笔 1 支、小刀 1 把。

(三)实训时间

实训时间为 4 学时。

(四)实训场地

实训场地为测绘单项技能训练实训场或风雨测量实训场。

(五)任务内容与要求

(1)按 1∶500 地形图测绘的要求,每组完成 2 栋房屋的观测、绘图任务(见图 1-11);在一个测站点上施测周围的地物和地貌,采用边测边绘的方法进行。

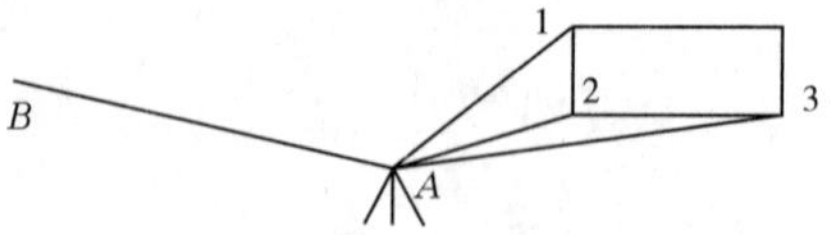

图 1-11　测绘房屋

(2)根据地物特征点勾绘地物轮廓线,根据地貌特征点按 1 m 等高距,用目估法勾绘等高线。

(六)实训目标

(1)理解白纸测图定向、测站检核的原理。

(2)掌握地物和地貌的测量方法。

(3)掌握白纸图的展点、绘图。

(4)会勾绘等高线。

二、实施

(一)操作步骤

(1)在测站上安置经纬仪,对中、整平、定向(选择起始零方向,使水平度盘置零)。量取仪器高,假定测站点高程。

(2)图板安置在测站点附近,在图纸上定出测站点位置,画上起始方向线,将小针钉在测站点上,并套上半圆仪使之可绕小针自由转动。

(3)跑尺员按地形地貌有计划地跑点。

(4)观测员对每一立尺点依次读取三丝读数、竖直度盘和水平度盘的读数。

(5)计算视距、垂直角、高差、水平距离和碎部点高程。

(6)绘图员根据水平角读数和平距将立尺点展绘到图纸上,并在点位右侧注记高程,然后按实际地形勾绘等高线和按地物形状连接各地物点。

(二)注意事项

(1)测定碎部点只用竖盘盘左位置,故观测前需校正竖盘指标差,使其不超过 ±60″。

(2)观测员报出水平角后,绘图员随即将零方向线对准量角器上水平角读数,待报出平距和高程后,马上展绘出该碎部点。

(3)比较平坦的地区可用“平截法”测定碎部点,将竖盘读数对准 $L=90°$(竖盘水准管气泡居中),读出中丝截尺数 v,即可算出该点高程。读取视距时,仍用上丝对准尺上整米数,因为倾角很小,视距不加倾斜改正即为平距。在平坦地区,采用“平截法”测定碎部点,计算简单,碎部点的高程精度亦较高。

(4)每测 30 个碎部点要及时检查零方向,此工作称为归零,归零差不得超过 ±5″。

三、训练成果与学习报告

(1)测量规定的地物、地貌的特征点,观测数据记入表 1-15,并完成计算。

表 1-15 测量碎部点外业记录表

日期:_____年___月___日 天气:_____ 仪器型号:__________组号:__________

观测者:__________ 记录者:__________ 司尺者:__________

测站点:__________ 后视点:__________ 仪器高:_____m 测站高程:_____m

点号	视距读数(m)			中丝读数 v(m)	竖盘读数 L(° ′ ″)	水平读数 β(° ′)	水平距离(m) $D=100l\sin^2 L$	碎部点高程(m) $H=H_0+i+D\cot L-v$
	上丝读数(m)	下丝读数(m)	上下丝之差 l(m)					

(2)在白纸图上完成地物、地貌的绘制。

(3)简述白纸测图的操作要点及应注意的问题。

第二部分 综合实训

大比例尺地形图测绘

一、实习的意义和目的

地形测量实习是地形测量课程教学的重要组成部分，是巩固和深化课程所学知识的必要环节。通过实习，培养学生理论联系实际、分析问题和解决问题的能力以及实际动手操作能力，使学生具有严格认真的科学态度、实事求是的工作作风、吃苦耐劳的劳动态度以及团结协作的集体观念。同时，也使学生在业务组织能力和实际工作能力方面得到锻炼，为今后从事测绘工作打下良好基础。

通过该实习，要掌握以下技能：图根导线的图上设计、实地选点、外业测量，图根导线加密测量，图根导线成果处理，四等水准测量外业及成果处理，标准图形分幅，白纸测图，图幅整饰，数字化外业测图及内业绘图等。本次实习是一项综合实习，其中涉及了大量实习项目，同学们一定要从思想上充分重视，严格按照规范和实习指导书的要求，圆满完成各个阶段的实习任务。

二、实习任务和技术要求

本次实习任务主要包括如下四个方面：

(1)图根控制测量(平面控制)。

(2)四等水准测量(高程控制)。

(3)1∶500 大比例尺白纸测图。

(4)1∶1 000 大比例尺数字测图。

实习中各项技术指标主要遵循如下测量规范：

(1)《城市测量规范》(CJJ/T 8—2011)。

(2)《国家三、四等水准测量规范》(GB/T 12898—2009)。

(3)《国家基本比例尺地图图式 第1部分：1∶500 1∶1 000 1∶2 000 地形图图式》(GB/T 20257.1—2017)。

(4)《1∶500 1∶1 000 1∶2 000 外业数字测图技术规程》(GB/T 14912—2017)。

三、实习的实施

(一)图根控制测量

由于平面控制测量成果要应用于白纸测图和数字测图，两者对图根点的布设密度、方法、测量精度都有一定差异。结合测区范围和测图比例尺要求确定控制网等级。根据已知点情况可以布设成单一闭合导线或附合导线。具体流程见图 2-1。

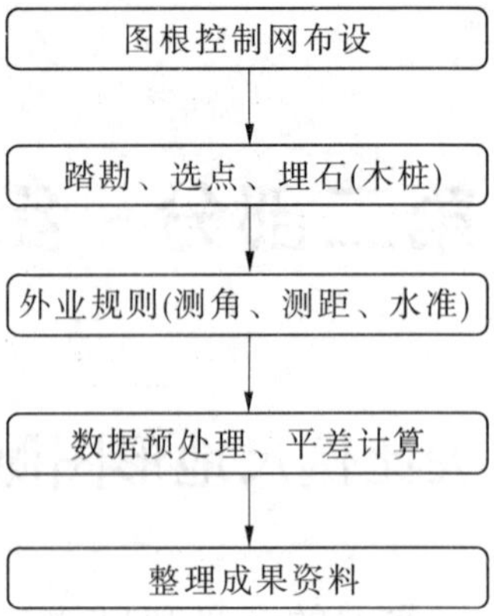

图 2-1　图根控制测量流程

1. 选点踏勘

(1)相邻点之间应通视良好,每个点至少要求有两个点通视,以便以后定向和检查,并便于测图;点位周围尽量避开一些小障碍物,如小树、电杆、路灯等;点与点的视线方向上超越障碍物的距离宜在 0.5 m 以上。

由于采用光电测距,还应该遵循下列原则:

①测距边的长度宜在各等级控制网平均边长的(1 +30%)的范围选择(见表 2-1),并考虑所用测距仪(全站仪)的最佳测程。

表 2-1　光电测距导线的主要技术指标(《城市测量规范》(CJJ/T 8—2011))

等级	闭合导线或附合导线长度(km)	平均边长(m)	测距中误差(mm)	测角中误差(″)	导线全长相对闭合差
三等	15	3 000	不超过 ±18	不超过 ±1.5	≤1/60 000
四等	10	1 600	不超过 ±18	不超过 ±2.5	≤1/40 000
一级	3.6	300	不超过 ±15	不超过 ±5	≤1/14 000
二级	2.4	200	不超过 ±15	不超过 ±8	≤1/10 000
三级	1.5	120	不超过 ±15	不超过 ±12	≤1/4 000

②测线宜高出地面和离开障碍物 1 m 以上。

③测线应避免通过发热体(如散热塔、烟囱等)的上空及附近。

④安置测距仪(全站仪)的测站应避开电磁场干扰地方,离开高压线宜大于 5 m。

⑤应避免测距时的视线背景部分有反光物体。

(2)点位应该选在土质坚实的地方或坚固稳定的高建筑物顶面上,便于造标、埋石和观测,并能永久保存,为了便于查找,在各导线点旁边墙上做标志。

(3)宜充分利用原有控制点和国家控制点的点位,各级导线也应充分利用已埋设永久性标志的规划道路中线点。

(4)选择合适的点位密度。图根点的密度应根据测图类型(白纸测图或数字测图)、比例尺和地形条件而定。白纸测图,对于平坦开阔地区,图根点的密度不宜小于表 2-2 中的规定;地形复杂、隐蔽以及城市建筑区,应以满足测图需要并视具体情况加大密度。对于数字测图,也以此来确定图根点的密度,具体见表 2-3。针对本次实习,白纸测图点位密度采用表 2-2 的标准,数字测图点位密度采用表 2-3 的标准。

(5)导线边长要均匀、长度合适。本次实习中,距离测量采用全站仪进行电磁波测距,根据规范要求,二级导线边长遵循表 2-1 的相关规定。

表 2-2　平坦开阔地区图根点的密度（点/km²）(《城市测量规范》(CJJ/T 8—2011))

测图比例尺	1:500	1:1 000	1:2 000
图根控制点的密度（点数/km²）	150	50	15

表 2-3　图根控制点密度（点/km²）(《1:500　1:1 000　1:2 000 外业数字测图技术规程》)

测图比例尺	1:500	1:1 000	1:2 000
图根控制点的密度（点数/km²）	64	16	4

(6)埋石工作与踏勘选点同时进行，结合测区情况可以采用已有标石，也可采用钉水泥钉的方法，在水泥钉上用红色油漆做标志，并给予编号。

2. 距离测量

距离测量采用电磁波测距的方法进行，要求在测站记录中记录平距，精度指标见表 2-1。

若选用Ⅱ级（指光电测距精度不超过 $\pm(5\ mm + 3 \times 10^{-6})$ 的测距仪（全站仪）），要求观测一测回，光电测距一测回是指照准目标连续进行四次观测，观测值互差限差为 10 mm，符合精度要求时，取四次观测值（需取平距）的平均值作为导线边长。距离观测值可以记录在水平角观测手簿的备注栏里，四次读数都须写上，较差合乎要求时，最后算出中数。

测距时需注意：

(1)测线宜高出地面和离开障碍物 1 m 以上，以减小折光影响。

(2)测线避免通过发热体（如散热塔、烟囱等）和较宽水面上空。

(3)测站应避开受电磁场干扰的地方，应离开高压线 5 m 以外。

(4)测距时避免背景部分有反光物体。

(5)在大气稳定和成像清晰的条件下观测，雾、雨、雪天气不宜观测。

(6)避免暴晒、淋湿仪器，严禁镜头对向太阳。

(7)测站、镜站不准离人；手机、对讲机应远离测线使用。

(8)仪器高和棱镜高的量取位置一定要正确。仪器高是地面标志顶部至测距仪示高点的高度；棱镜高是地面标志顶部与棱镜中心（镜框上有标志线）的高度，不是测垂直角（或天顶距）照准的觇牌标志线的高度。

3. 角度测量

由于是单一导线，每站只有两个方向，如果是附合导线，水平角的观测采用测回法，观测左角（或右角，但一般测左角），如果是闭合导线，则要观测内角和连接角。其技术要求见表 2-4。

表 2-4　导线测量水平角观测的技术要求(《城市测量规范》(CJJ/T 8—2011))

等级	测角中误差(″)	测回数			方位角闭合差(″)
		DJ_1	DJ_2	DJ_6	
三等	不超过 ±1.5	8	12	—	不超过 $\pm 3\sqrt{n}$
四等	不超过 ±2.5	4	6	—	不超过 $\pm 5\sqrt{n}$
一级	不超过 ±5	—	2	4	不超过 $\pm 10\sqrt{n}$
二级	不超过 ±8	—	1	3	不超过 $\pm 16\sqrt{n}$
三级	不超过 ±12	—	1	2	不超过 $\pm 24\sqrt{n}$

注:n 为架设全站仪观测的测站数。

进行水平角观测时,采用 2″全站仪,对于二级导线观测一个测回即可,若采用 5″或更低精度,至少要观测 3 测回,并须进行度盘配置,可按下式进行度盘配置:

$$\frac{180^\circ}{m}(j-1)+10'(j-1)+\frac{600''}{m}\left(j-\frac{1}{2}\right)\quad (m\text{ 为测回数},j\text{ 为测回序数})$$

导线点水平角观测采用测回法,限差见表 2-5,由于只有两个方向,不必归零,使用全站仪测角,因此若采用 2″全站仪,由于只观测一测回,限差也只有一项,即一测回内 $2C$ 互差要小于 13″;若采用 5″或更低精度的,由于两个方向不必归零,因此限差也只有一项,即同一方向值各测回较差小于 24″,把水平角观测结果记录到水平角观测手簿中。

表 2-5　方向观测法的各项限差(″)(《城市测量规范》(CJJ/T 8—2011))

经纬仪型号	光学测微器两次重合读数	半测回归零差(″)	一测回内 $2C$ 较差(″)	同一方向值各测回较差(″)
DJ_1	1	6	9	6
DJ_2	3	8	13	9
DJ_6	—	18	—	24

注:5″全站仪测角相当于 DJ_6 型经纬仪,2″全站仪测角相当于 DJ_2 型经纬仪。

4. 导线测量记录规定(《城市测量规范》(CJJ/T 8—2011))

(1)一切原始观测值和记事项目,应在现场用铅笔记录在规定格式的外业手簿中,字迹应清楚、整齐、美观,不得涂改、擦改、转抄,外业手簿或记录纸应进行编号。

(2)手簿各记事项目,每一测站或每一观测时间段的首末页都应记录清楚,填写齐全。水平角观测手簿中照准点一栏,全组合测角法观测时,每测回只记录方向号数、照准标的;方向观测时,每站第一测回应记录所观测的方向号数、点名和照准标的,其余测回仅记录方向号即可。

原始数据的更改规定:

(3)水平角观测,秒值读记错误应重新观测,度、分读记错误可在现场更正,但同一方向盘左、盘右不得同时更改相关数字。垂直角观测中分的读数,在各测回中不得连环更改。

(4)距离测量和水准测量中,厘米及以下数值不得更改,米和分米的读记错误,在同一距离、同一高差的往、返测或两次测量的相关数字不得连环更改。

(5)更正错误，均应将错误数字、文字整齐划去，在上方另记正确数字和文字。划改的数字和超限划去的成果，均应注明原因和重测结果的所在页数。

(6)观测工作结束后，应及时整理和检查外业观测手簿。检查手簿中所有计算是否正确，观测成果是否满足各项限差要求。确认观测成果全部符合相应规范规定后，方可进行计算。

5. 数据处理

实习导线数据的处理采用两种方法同时进行。

(1)每个小组对导线外业观测数据进行手工计算。

(2)利用平差软件进行计算，可以选用下列软件进行。

①ESDP4.0。

②清华山维 2003。

③南方平差易 2005。

(二)四等水准测量

进行四等水准测量的目的是精确测定导线内待定导线点的高程，用于高程控制，因此观测过程中每相邻两个导线点之间都是一个测段。结合导线布设特点，可以布设成单一附合水准路线或单一闭合水准路线。

1. 仪器检验校正

实习所用水准测量仪器为 DS_3 水准仪，按照规范要求，需要检验校正的项目较多，但大多需要专门的质检部门进行检定，本次实习主要进行 i 角的检验校正($i \leq 20''$)。

2. 设站要求与观测方法

四等水准测量采用中丝读数法进行单程观测，支水准路线必须进行往返测。每个测段无论距离远近，均应设置成偶数站。规范规定，四等水准应采用后后前前(黑红黑红)的观测顺序，三等水准应采用后前前后(黑黑红红)的观测程序。实际工作中，四等水准采用以上两种观测程序均可，一定程度上说采用后前前后的观测程序，可以进一步提高四等水准测量的精度。在每一测站，要满足表 2-6 中各项技术指标。

表 2-6　四等水准测量测站设置技术要求(《国家三、四等水准测量规范》(GB/T 12898—2009))

(单位:m)

等级	视线长度		前后视距差	每站前后视距累积差	视线高度
	仪器类型	视距			
四等	DS_3	≤100	不超过 ±3.0	不超过 ±10.0	三丝能读数
	DS_1、DS_{05}	≤150			

3. 测站限差

四等水准测量测站限差具体技术指标见表 2-7。

表 2-7　四等水准测量测站限差(《国家三、四等水准测量规范》(GB/T 12898—2009))

(单位:mm)

等级	观测方法	基辅分划(黑红面)差	基辅分划(黑红面)高差之差	检测间歇点高差的差
四等	中丝法读数	±3.0	±5.0	±5.0

4. 成果计算

水准测量的数据处理采用两种方法同时进行。

(1)每个小组对水准外业观测数据进行手工计算。

(2)利用平差软件进行计算,可以选用下列软件。

①ESDP4.0。

②清华山维2003。

③南方平差易2005。

相关限差要求见表2-8。

表2-8　四等水准闭合差限差(《国家三、四等水准测量规范》(GB/T 12898—2009))

(单位:mm)

等级	测段、路线往返测高差不符值	附合路线和环线闭合差	
		平原	山区
四等	$\pm 20\sqrt{K}$	$\pm 20\sqrt{L}$	$\pm 25\sqrt{L}$

注:K为路线或测段的长度;L为附合路线(环线)长度,单位均为km。山区指高程超过1 000 m或路线中最大高差超过400 m的地区。

5. 水准测量记录规定

(1)外业手簿应按统一的格式装订成册,每册的页码应予编号。由项目负责人签字后发给作业员。已编号的各页不得撕去,记录中间不得留下空页。

(2)一切外业原始观测值和记事项目,必须在现场直接记录于手簿中,严禁转抄数据。

(3)在每一测段的始末,工作间歇的前后及中间气候变化时,须记录观测日期、时间、天气、成像、前后视标尺号数。

(4)一切外业原始观测值和记事项目的文字与数字,应力求清晰端正,不得潦草。

(5)手簿中任何原始记录不得擦去或涂改。对原始记录有错误的数字(仅限于米、分米的读数)与文字,应仔细核对后单线划去,在其上方写出正确数字与文字,并在备注栏中注明原因。同一测站内不得有两个相关原始数字的连环更改。

(6)对作废的观测记录,应以单线划去,并注明重测原因及重测结果记于何处。重测记录须加注“重测”二字。

6. 注意事项

(1)观测时,须用白色测伞遮蔽阳光,迁站时,应罩以白色仪器罩。

(2)对具有倾斜螺旋的水准仪,观测前应测出倾斜螺旋的置平零点,并做标记,随着气温变化,应随时调整零点位置,对于自动安平水准仪的水准器,观测前须严格置平。

(3)在连续各测站上安置水准仪的三脚架时,应使其中两脚与水准路线的方向平行,第三脚轮换置于路线的左侧与右侧(此举为消除水准仪交叉误差的影响)。

(4)除路线转弯处外,每一测站上仪器和前后标尺三个位置,尽量接近一条直线。

(5)同一测站上观测时,一般不得两次调焦。仅当视线长度小于10 m,且前后视距差小于1 m时,可在观测前后标尺时调整焦距。

(6)每一测段的往测与返测,其测站数均应为偶数,由往测转返测时,两标尺须互换位置,并重新整置仪器。

(7)立尺员应认真将水准尺立直,注意不要将尺倒立,并用步测的方法使各测站的前后视距离基本相等,并保证前后视距累积差不超限。

(8)正确使用尺垫,尺垫只能放在转点处,已知高程点和待求高程点上均不能放置尺垫。

(9)同一测站,只能粗平一次(测站重测,需重新粗平仪器);但每次读数前,均应检查水准管符合气泡是否居中,并注意消除视差。

(10)仪器未搬迁时,前、后视点上尺垫均不能移动。仪器搬迁了,后视尺立尺员才能携尺和尺垫前进,但前视点上尺垫仍不能移动。若前视尺垫移动了,则需从起点开始重测。

(11)施测中每一站均需现场进行测站计算和校核,确认测站各项指标均合格后才能迁站。水准路线测量完成后,应计算水准路线高差闭合差,高差闭合差小于允许值方可收测,否则,应查明原因,返工重测。

(12)实训中严禁专门化作业。小组成员的工种应进行轮换,保证每人都能担任到每一项工种。

(三)白纸测图

1. 基本流程

白纸测图基本流程见图 2-2。

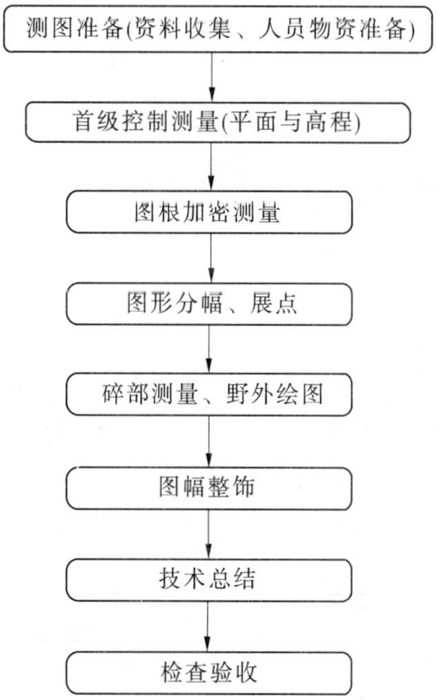

图 2-2　白纸测图基本流程

2. 一般规定

1)地形图分幅及展点

地形图分幅采用矩形分幅方式,图面大小为 50 cm × 50 cm,展点时首先要确定控制点所在的方格,按照比例尺进行缩小,用圆规尖脚刺在聚酯薄膜上,依次刺好所要的控制点后,再检查各相邻点之间的距离,和已知的边长进行比较,最大误差不得大于图上 0.3 mm。

2)测站点的设置

(1)测站点应尽量采用图根控制点,特别困难地区可以在测图过程中根据需要采用图解导线、图解前方交会等方法增加测站点。

(2)仪器对中误差不得超过图上 0.05 mm,以较远一点定向、用其他点进行检核,检核偏差不得大于图上 0.3 mm;采用经纬仪测绘时,其角度检测值与原角度值之差不应大于 2′。

(3)每站测图过程中,应随时检查定向点方向,采用平板仪测图时,偏差不应大于图上 0.3 mm;采用经纬仪测绘时,归零差不应大于 4′。

(4)检查另一测站点高程时,其较差不应大于 1/5 基本等高距。

(5)采用量角器配合经纬仪测图,当定向边长在图上短于 10 cm 时,应以正北或正南方向作起始方向。

3)碎部点测量

施测碎部点可采用极坐标法、支距法或方向交会法,在街坊内部设站困难时,也可采用几何作图等综合方法进行。地物点、地形点视距和测距的最大长度应符合表 2-9 的规定。

表 2-9　地物点、地形点视距和测距的最大长度(《城市测量规范》(CJJ/T 8—2011))

(单位:m)

比例尺	视距最大长度		测距最大长度	
	地物点	地形点	地物点	地形点
1:500		70	80	150
1:1 000	80	120	160	250
1:2 000	150	200	300	400

注:1:500 比例尺测图时,在建成区和平坦地区及丘陵地,地物点距离应采用皮尺量距或测距,皮尺丈量最大长度为 50 m;山地、高山地地物点最大视距可按地形点要求。

4)等高距的选择

等高距的选择技术指标见表 2-10。

表 2-10　地形图的基本等高距(《城市测量规范》(CJJ/T 8—2011))　(单位:m)

比例尺地形类别	1:500	1:1 000	1:2 000
平地	0.5	0.5	0.5、1
丘陵地	0.5	0.5、1	1
山地	0.5、1	0.1	2
高山地	1	1、2	2

5)一般高程点注记

基本等高距为 0.5 m,高程注记应注至厘米;基本等高距大于 0.5 m 时可注至分米,字朝北向。地形图上高程注记应分布均匀,丘陵地区高程注记点间距见表 2-11。

表 2-11　丘陵地区高程注记点间距(《城市测量规范》(CJJ/T 8—2011))　(单位:m)

比例尺	1:500	1:1 000	1:2 000
高程注记点间距	15	30	50

注:平坦地区可放宽至 1.5 倍。地貌变化大的区域应适当加密。

6)铅笔绘图的一般原则

(1)地物、地貌各要素,应主次分明、线条清晰、位置准确、交接清楚。

(2)高程注记的数字、字头朝北,书写应清楚整齐。

(3)各项地物、地貌均应按规定的符号绘制。

(4)各项地理名称注记位置应适当,并检查有无遗漏或不明之处。

(5)等高线须合理、光滑、无遗漏,并与高程注记点相适应。

(6)图幅号、方格网坐标、测图者姓名及测图时间应书写正确、齐全。

7)测绘内容与取舍原则

地形图应表示测量控制点、居民地和垣栅、工矿建筑物及其他设施、交通及附属设施、管线及附属设施、水系及附属设施、境界、地貌和土质、植被等各项地物、地貌要素,以及地理名称注记等,并着重显示与测图用途有关的各项要素。

地物、地貌的各项要素的表示方法和取舍原则,除应按现行国家标准地形图图式执行外,还应符合如下有关规定。

(1)测量控制点测绘。测量控制点是测绘地形图和工程测量施工放样的主要依据,在图上应精确表示。

各等级平面控制点、导线点、图根点、水准点,应以展点或测点位置为符号的几何中心位置,按图式规定符号表示。

(2)居民地和垣栅的测绘。

①居民地的各类建筑物、构筑物及主要附属设施,应准确测绘实地外围轮廓和如实反映建筑结构特征。

②房屋的轮廓应以墙基外角为准,并按建筑材料和性质分类,注记层数。1:500 比例尺测图,临时性房屋可舍去。

③建筑物和围墙轮廓凸凹在图上小于 0.4 mm,简单房屋小于 0.6 mm 时,可用直线连接。1:500 比例尺测图,房屋内部天井宜区分表示。

④测绘垣栅应类别清楚,取舍得当。城墙按城基轮廓依比例尺表示;围墙、栅栏、栏杆等可根据其永久性、规整性、重要性等综合考虑取舍。

⑤台阶和室外楼梯长度大于图上 3 mm,宽度大于图上 1 mm 的应在图中表示。

⑥永久性门墩、支柱大于图上 1 mm 的依比例实测,小于图上 1 mm 的测量其中心位置,用符号表示。重要的墩柱无法测量中心位置时,要量取并记录偏心距和偏离方向。

⑦建筑物上突出的悬空部分应测量最外范围的投影位置,主要的支柱也要实测。

(3)交通及附属设施测绘。

①交通及附属设施的测绘,图上应准确反映陆地道路的类别和等级,附属设施的结构和关系;正确处理道路的相交关系及与其他要素的关系;正确表示水运和海运的航行标志,河流和通航情况及各级道路的通过关系。

②公路与其他双线道路在图上均应按实宽依比例尺表示。公路应在图上每隔 15 ~ 20 mm 注出公路技术等级代码,国道应注出国道路线编号。公路、街道按其铺面材料分为水泥、沥青、砾石、条石或石板、硬砖、碎石和土路等,应分别以混凝土、沥、砾、石、砖、渣、土等注记于图中路面上,铺面材料改变处应用点线分开。

③路堤、路堑应按实地宽度绘出边界,并应在其坡顶、坡脚适当测注高程。

④道路通过居民地不宜中断,应按真实位置绘出。高速公路应绘出两侧围建的栅栏(或墙)和出入口,注明公路名称。中央分隔带视用图需要表示。市区街道应将车行道、过街天桥、过街地道的出入口、分隔带、环岛、街心花园、人行道与绿化带绘出。

⑤桥梁应实测桥头、桥身和桥墩位置,加注建筑结构。

⑥大车路、乡村路、内部道路按比例实测,宽度小于图上 1 mm 时只测路中线,以小路符号表示。

(4)管线测绘。

①永久性的电力线、电信线均应准确表示,电杆、铁塔位置应实测。当多种线路在同一杆架上时,只表示主要的。城市建筑区内电力线、电信线可不连线,但应在杆架处绘出线路方向。各种线路应做到线类分明,走向连贯。

②架空的、地面上的、有管堤的管道均应实测,分别用相应符号表示,并注明传输物质的名称。当架空管道直线部分的支架密集时,可适当取舍。地下管线检修井宜测绘表示。

③污水箅子、消防栓、阀门、水龙头、电线箱、电话亭、路灯、检修井均应实测中心位置,以符号表示,必要时标注用途。

(5)水系测绘。

①江、河、湖、水库、池塘、泉、井等及其他水利设施,均应准确测绘表示,有名称的加注名称。根据需要可测注水深,也可用等深线或水下等高线表示。

②河流、溪流、湖泊、水库等水涯线,按测图时的水位测定,当水涯线与陡坎线在图上投影距离小于 1 mm 时以陡坎线符号表示。河流在图上宽度小于 0.5 mm、沟渠在图上宽度小于 1 mm(1∶2 000 地形图上小于 0.5 mm)的用单线表示。

③水位高及施测日期视需要测注。水渠应测注渠顶边和渠底高程;时令河应测注河床高程;堤、坝应测注顶部及坡脚高程;池塘应测注塘顶边及塘底高程;泉、井应测注泉的出水口与井台高程,并根据需要注记井台至水面的深度。

(6)地貌和土质的测绘。

①地貌和土质的测绘,图上应正确表示其形态、类别和分布特征。

②自然形态的地貌宜用等高线表示,崩塌残蚀地貌、坡、坎和其他特殊地貌应用相应符号或用等高线配合符号表示。

③各种天然形成和人工修筑的坡、坎,其坡度在 70°以上时表示为陡坎,70°以下时表示为斜坡。斜坡在图上投影宽度小于 2 mm,以陡坎符号表示。当坡、坎比高小于 1/2 基本等高距或在图上长度小于 5 mm 时,可不表示,坡、坎密集时,可以适当取舍。

④梯田坎坡顶及坡脚宽度在图上大于 2 mm 时,应实测坡脚。当 1∶2 000 比例尺测图上梯田坎过密,两坎间距在图上小于 5 mm 时,可适当取舍。梯田坎比较缓且范围较大时,可用等高线表示。

⑤坡度在 70°以下的石山和天然斜坡,可用等高线或用等高线配合符号表示。独立石、土堆、坑穴、陡坡、斜坡、梯田坎、露岩地等应在上下方分别测注高程或测注上(或下)方高程及量注比高。

⑥各种土质按《国家基本比例尺地图图式　第 1 部分:1∶500　1∶1 000　1∶2 000 地形图图式》(GB/T 20257.1—2017)规定的相应符号表示,大面积沙地应用等高线加注记表示。

(7)植被的测绘。

①地形图上应正确反映出植被的类别特征和分布范围。对耕地、园地应实测范围,配置相

应的符号表示。大面积分布的植被在能表达清楚的情况下,可采用注记说明。同一地段生长有多种植物时,可按经济价值和数量适当取舍,符号配制不得超过三种(连同土质符号)。

②旱地包括种植小麦、杂粮、棉花、烟草、大豆、花生和油菜等的田地,经济作物、油料作物应加注品种名称。有节水灌溉设备的旱地应加注“喷灌”“滴灌”等。一年分几季种植不同作物的耕地,应以夏季主要作物为准配置符号表示。

③田埂宽度在图上大于 1 mm 的应用双线表示,小于 1 mm 的用单线表示。田块内应测注有代表性的高程。

(8)注记。

①要求对各种名称、说明注记和数字注记准确注出。图上所有居民地、道路、街巷、山岭、沟谷、河流等自然地理名称,以及主要单位等名称,均应调查核实,有法定名称的应以法定名称为准,并应正确注记。

②地形图上高程注记点应分布均匀,丘陵地区高程注记点间距为图上 2 ~ 3 cm。

③山顶、鞍部、山脊、山脚、谷底、谷口、沟底、沟口、凹地、台地、河川湖池岸旁、水涯线上以及其他地面倾斜变换处,均应测高程注记点。

④基本等高距为 0.5 m 时,高程注记点应注至厘米;基本等高距大于 0.5 m 时可注至分米。

(9)地形要素的配合。

①当两个地物中心重合或接近,难以同时准确表示时,可将较重要的地物准确表示,次要地物移位 0.3 mm 或缩小 1/3 表示。

②独立性地物与房屋、道路、水系等其他地物重合时,可中断其他地物符号,间隔 0.3 mm,将独立性地物完整绘出。

③房屋或围墙等高出地面的建筑物,直接建筑在陡坎或斜坡上且建筑物边线与陡坎上沿线重合,可用建筑物边线代替坡坎上沿线;当坎坡上沿线距建筑物边线很近时,可移位间隔 0.3 mm 表示。

④悬空建筑在水上的房屋与水涯线重合,可间断水涯线,房屋照常绘出。

⑤水涯线与陡坎重合,可用陡坎边线代替水涯线;水涯线与斜坡脚线重合,仍应在坡脚将水涯线绘出。

⑥双线道路与房屋、围墙等高出地面的建筑物边线重合时,可以建筑物边线代替路边线。道路边线与建筑物的接头处应间隔 0.3 mm。

⑦地类界与地面上有实物的线状符号重合,可省略不绘;与地面无实物的线状符号(如架空管线、等高线等)重合时,可将地类界移位 0.3 mm 绘出。

⑧等高线遇到房屋及其他建筑物,如双线道路、路堤、路堑、坑穴、陡坎、斜坡、湖泊、双线河以及注记等均应中断。

3. 图幅整饰

(1)填写图名、图号、比例尺、方格网轮廓坐标注记。

(2)修饰图面上的注记、线型、填充符号等,使之符合规范要求,做到地物地貌各要素测绘应正确、齐全,取舍恰当,图式符号运用准确、整洁、美观。

(3)图幅拼接,每幅图应测出图廓外 5 mm,自由图边在测绘过程中应加强检查,确保无误,接边精度应符合要求。

(四)数字测图

1. 数字测图流程

数字测图流程见图 2-3。

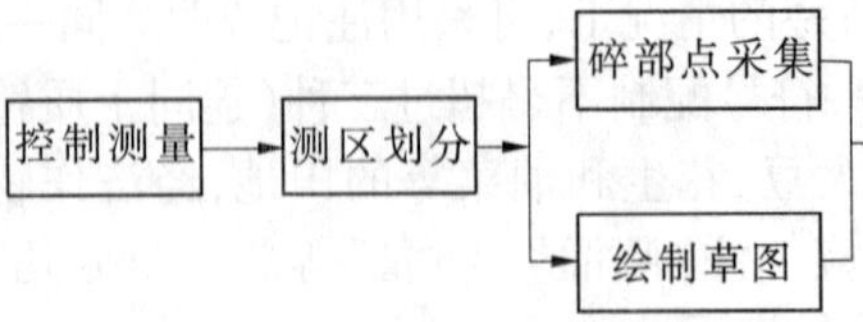

图2-3 数字测图流程

2. 测区划分

外业数字测图一般以所测区域(测区)为单位统一组织作业和组织数据。当测区较大或有条件时,可在测区内按自然带状地物(如街道线、河沿线等)为边界线构成分区界限,分成若干相对独立的分区。各分区的数据组织、数据处理和作业应相对独立,分区内及各分区之间在数据采集和处理时不应存在矛盾,避免造成数据重叠或漏测。当有地物跨越不同分区时,该地物应完整地在某一分区内采集完成。

3. 等高距和地形点间距

测量时,要在碎部点采集过程中同时采集地形点(一般高程点)。然后由这些地形点参与生成等高线,不同比例尺数字地形图,其地形点的密度和等高距的确定见表2-12、表2-13。

表2-12 基本等高距(《1:500 1:1 000 1:2 000 外业数字测图技术规程》(GB/T 14912—2017))

(单位:m)

比例尺	地形类别			
	平地	丘陵地	山地	高山地
1:500	0.5	1.0(0.5)	1.0	1.0
1:1 000	0.5(1.0)	1.0	1.0	1.0
1:2 000	1.0(0.5)	1.0	2.0(2.5)	2.0(2.5)

注:括号内的等高距依用途需要选用。

表2-13 地形点间距(《1:500 1:1 000 1:2 000 外业数字测图技术规程》(GB/T 14912—2017))

(单位:m)

比例尺	1:500	1:1 000	1:2 000
地形点平均间距	25	50	100

4. 测距长度

在野外数字测图过程中,每个图根控制点(或高等级控制点)的测距范围是有限制的(见表2-14),不能用一个或几个图根点控制大范围测图,如果遇到在图根点上测不到的地物时,而该地物周围又没有其他图根点,这时允许采用支导线(支点)进行测量,但一般支站不超过3站。

表2-14 碎部点测距长度(《1:500 1:1 000 1:2 000 外业数字测图技术规程》(GB/T 14912—2017))

(单位:m)

比例尺	1:500	1:1 000	1:2 000
最大测距长度	200	350	500

5. 建站定向

在每个测站建站时都要精确量取仪器高、觇标高(对中杆高度),并且输入测站点和后视点的平面坐标和高程值。建站定向后必须进行三个方面的定向检查,确定建站是否有误。

(1)仪器对中偏差,一般要小于5 mm。

(2)后视点坐标差,定向完成后先测量一下后视点坐标,测量值与已知坐标进行比较,一般要小于5 cm,否则应检查测站点和后视点坐标(方向)输入是否有误,重新定向(后视检核)。

(3)检查后视点或其他已知第三个控制点的高程,与其已知高程值比较,较差要小于等高距的1/6,否则需要检查高程值、仪器高和觇标高数据输入是否有误,重新定向。

(4)从一个测站搬至下一个测站时,重复测量上一个测站上测过的典型碎部点,如电杆、路灯等,用以检核前站和本站碎部点测量的正确性(重合点检核)。

(5)碎部点采集过程中,若更换电池或关机,再次测量时需重新建站定向。

(6)建站定向完成后,可以在距离本站较远的地方寻找一固定清晰目标,测量其方位角,如需重新建站,可以用方位角法建站(技巧)。

6. 碎部点采集

1)一般原则

本次实习采用草图法进行数字测图,因此在进行碎部点采集的同时必须绘制草图,草图绘制基本原则是:草图要能正确反映实际地物内部及地物间的关系,至少绘制草图人员要看得懂草图含义,草图上碎部点编号要严格与全站仪上数据编号一致,因此在碎部点采集过程中,草图人员和观测人员要经常核对点号,防止出现连环错位。

绘图时,有一基本原则:就高不就低,即当高等级边界和低等级边界重合时,一般要舍弃低等级的边界,绘制高等级边界,因此在测和绘的过程中不能出现同一边界重复绘制的现象。

在测碎部点时,每到一片区域,跑尺人员要有大局观念,眼睛扫过测区,大致把当前区域根据地物地性不同,分为几个小区域,然后一个接一个地进行这些小区域测量,在小区域内部,首先测边界,然后测内部更细致的碎部点(熟练后可同时测量),但要做到不重不漏不跑冤枉路,最后按照就高不就低原则处理小区域间的碎部点采集工作。

2)地物的取舍

测量过程中地物要素的取舍取决于测图比例尺和《国家基本比例尺地图图式 第1部分:1∶500 1∶1 000 1∶2 000 地形图图式》(GB/T 20257.1—2017)中相关规定进行,切不可自作主张,为绘图方便而随便舍弃一些重要、必测的地物。

(1)点状要素(独立地物)能按比例表示时,应按实际形状采集,不能按比例表示时应精确测定其定位点或定线点。有方向性的点状要素应先采集其定位点,再采集其方向点(线)。

(2)具有多种属性的线状要素(线状地物、面状地物公共边、线状地物与面状地物边界线的重合部分),只可采集一次,但应处理好多种属性之间的关系(就高不就低原则)。

(3)采集线状地物时,应视其变化测定,适当增加地物点的密度,以保证曲线的准确拟合。

(4)碎部点采集与控制测量同时进行时,碎部点坐标应以经平差后的控制点坐标计算得到,当控制测量成果检核超限时,测量控制点应重测,且重新计算碎部点坐标(一步测量法)。

(5)各类建筑物、构筑物及主要附属设施数据均应采集。房屋以墙为主,临时性建筑物可舍去。对居民区可视测图比例尺大小或需要适当加以综合。建筑物、构筑物轮廓凸凹在图上小于0.5 mm时,可予以综合。

(6)地上管线的转角点均应实测,管线直线部分的支架线杆和附属设施密集时,可适当取舍。

(7)水系及附属物,应按实际形状采集。水渠应测记渠底高程,并标记渠深;堤、坝应测记顶部及坡脚高程;泉、井应测记泉的出水口及井台高程,并测记井台至水面深度。

(8)地貌一般以等高线表示,特征明显的地貌不能用等高线表示时,应以符号表示。山顶、鞍部、凹地、山脊、谷底及倾斜变换处,应测记高程点。

(9)露岩、独立石、梯田坎应测记比高,斜坡、陡坎比高(比高,自地物或地貌的基部地面至顶端的高度)小于1/2 基本等高距或在图上长度小于5 mm时可舍去。当坡、坎较密时,可适当取舍。

(10)一年分几季种植不同作物的耕地,以夏季主要作物为准;地类界与线状地物重合时,按线状地物采集;居民地、机关、学校、山岭、河流等有名称的应标注名称。

7. 数字地图的绘制

内业成图软件有很多,常用的南方测绘软件公司开发的南方 CASS9.1,主要包括传输数据、展点、画图、修饰等工作步骤,具体软件使用方法和处理原则根据上课所讲理论方法进行。

数字绘图的一般原则:

1)居民地

(1)街区与道路的衔接处,应留0.2 mm间隔。

(2)建筑在陡坎和斜坡上的建筑物,按实际位置绘出,陡坎无法准确绘出时,可移位表示,并留0.2 mm的间隔。

(3)悬空于水上的建筑物(如房屋)与水涯线重合时,建筑物照常绘出,间断水涯线。

2)点状地物

(1)两个点状地物相距很近,同时绘出有困难时,可将高大突出的准确表示,另一个移位表示,但应保持相互的位置关系。

(2)点状地物与房屋、道路、水系等其他地物重合时,可中断其他地物符号,间隔0.2 mm,以保持独立符号的完整性。

3)交通

(1)双线道路与房屋、围墙等高出地面的建筑物边线重合时,可用建筑物边线代替道路边线。道路边线与建筑物的接头处,应间隔0.2 mm。

(2)铁路与公路(或其他道路)水平相交时,铁路符号不中断,另一道路符号中断;不在同一水平相交时,道路的交叉处,应绘制相应的桥梁符号。

(3)公路路堤(堑)应分别绘出路边线与堤(堑)边线,两者重合时,可将其中之一移0.2 mm绘出。

4)管线

(1)城市建筑区内电力线、通信线可不连接,但应绘出连线方向。

(2)同一杆架上架有多种线路时,表示其中主要的线路,但各种线路走向应连贯,线类应分明。

5)水系

(1)河流遇桥梁、水坝、水闸等应断开。

(2)水涯线与陡坎重合时,可用陡坎边线代替水涯线;水涯线与斜坡脚重合时,仍应在坡脚将水涯线绘出。

6)境界

(1)凡绘制有国界线的图,应报国家相关部门批准。

(2)境界以线状地物一侧为界时,应离线状地物 0.2 mm 按图式绘出;如以线状地物中心为界,不能在线状地物符号中心绘出时,可沿两侧每隔 3 ~5 cm 交错绘出 3 ~4 节符号。但在境界相交或明显拐弯及图廓处,境界符号不应省略,以明确走向和位置。

7)等高线

(1)单色图上等高线遇到房屋及其他建筑物、双线道路、路堤、路堑、坑穴、陡坎、斜坡、湖泊、双线河、双线渠以及注记等均应中断。

(2)多色图等高线遇双线河、渠、湖泊、水库、池塘应断开,遇其他地物可不中断。

(3)当等高线的坡向不能判别时,应加绘示坡线。

8)植被

(1)同一地类界范围内的植被,其符号可均匀配置;大面积分布的植被在能表达清楚的情况下,可采用注记说明。

(2)地类界与地面上有实物的线状符号重合时,可省略不绘;与地面上无实物的线状符号重合时,地类界移位 0.2 mm 绘出。

9)注记

(1)文字注记要使所表达的地物能明确判读,字头朝北,道路河流名称可随线状弯曲的方向排列,各字底边平行于南、北图廓线。

(2)注记文字之间最小间隔应为 0.5 mm,最大间隔不宜超过字大的 8 倍。注记时应避免遮盖主要地物和地形特征部分。

(3)高程注记一般注于点的右方,离点间隔 0.5 mm。

(4)等高线注记字头应指向山顶或高地,但字头不宜指向图纸的下方。地貌复杂的地方,应注意合理配置,以保持地貌的完整。

(5)图廓整饰注记按《国家基本比例尺地图图式　第 1 部分:1∶500　1∶1 000　1∶2 000 地形图图式》(GB/T 20257.1—2017)有关规定执行。

四、计划安排

(一)仪器、工具与资料准备

(1)水准仪每大组一套,包括 DS_3 水准仪 1 台、水准尺 1 对、尺垫 1 对、脚架 1 个。

(2)全站仪每大组一套,包括全站仪 1 台、脚架 3 个、棱镜 2 个、对中杆 1 个、充电器、3 m 钢尺。

注意:全站仪主机每天 08:00 领取,18:00 以前归还。

(3)测图板、图板架、卡规、半圆仪、三角板、三棱尺、针、计算器、皮尺等。

(4)《国家基本比例尺地图图式　第 1 部分:1∶500　1∶1 000　1∶2 000 地形图图式》(GB/T 20257.1—2017)一本。

(5)每大组聚酯薄膜2张(50 cm×50 cm标准分幅)。

(6)木桩、水泥钉、3H铅笔、单面刀片、铁锤、橡皮。

(7)导线测量、水准测量、碎部测量手簿。

(二)实习任务与时间安排

实习任务与时间安排见表2-15。

表2-15 实习任务与时间安排

实习项目	完成时间(d)	实习内容与成果	要求(准备)
实习动员会	0.5	召开实习动员会,分组,领取(准备)相关资料	1. 水平角观测手簿; 2. 四等水准测量记录手簿; 3. 碎部点测量记录手簿; 4. 测量成果计算表; 5. 实习指导书(每人1本); 6. 实习日志(每人1本)
各小组借仪器踏勘选点	0.5	到实训室办理仪器领取手续,领取仪器,踏勘选点	1. 每大组布设城市二级导线,两个小组分工进行导线和水准测量,数据分别处理; 2. 每大组完成一套导线点之记
仪器检校及图式学习	0.5	全站仪的日常检验,水准仪 i 角检验	购买《国家基本比例尺地图图式 第1部分:1∶500 1∶1 000 1∶2 000地形图图式》(GB/T 20257.1—2017)
图根导线测量;四等水准测量	1.5	1. 图根导线测量成果; 2. 四等水准测量成果; 3. 成果包括原始记录、控制网图、点之记、平差计算表、控制点成果表、小结	1. 每大组内两个小组分工完成导线与水准测量; 2. 小组成员要轮换观测、记录、立尺;每人均须进行相关计算
1∶500地形图测绘(白纸测图)	5	1. 1幅地形图; 2. 碎部测量记录、草图; 3. 铅笔底图	每小组完成一幅图
1∶1 000地形图测绘(数字测图)	10	1. 全站仪数据采集; 2. 数据传输、内业成图、图幅整饰; 3. 绘制草图(要求B5大小纸张,装订成册); 4. 一幅1∶1 000数字化地形图测绘	严格按照相关规范和本实习指导书上对数字测图各项限差的要求进行测图
上交成果	1	整理成果,按照个人、小组成果提交项目准备上交资料;归还仪器	具体上交内容见下述

（三）资料上交

1. 大组上交资料

(1)水准仪 i 角检验成果1份。

(2)水平角观测记录手簿。

(3)四等水准测量记录手簿。

(4)碎部测量记录手簿。

(5)导线点之记。

(6)控制成果表(导线计算表、水准测量计算表、控制网图)。

以上成果按照顺序装订在一起上交。

(7)1∶500地形图(白纸)2幅。

2. 个人上交资料

(1)实习日志1本。

(2)实习报告1份。

(3)草图装订成册,并附封面。

(4)新校区数字化地形图(电子文件dwg,通过U盘以组为单位上交)。

3. 实习报告的写法

实习结束后,每个学生必须撰写一份实习报告。分班分组上交给指导老师,实习报告格式和内容如下(参考):

(1)封面。注明实习地点和名称、起止日期、班级、组号、姓名、学号、指导教师。

(2)前言。简述本次实习的目的、任务及要求。

(3)实习内容。实习项目、测区概述、作业方法、技术要求、相关示意图(导线略图等)、实习成果及评价。

(4)实习总结。主要介绍实习中遇到的技术问题、处理方法、创新之处以及自己的独特见解,对实习的建议和意见,本组和本人在实习中主要做了哪些相应的工作,以及在实习中的收获。全文字数要求不得少于3 000字,B5纸张。

（四）成绩评定

1. 评定等级

实习成绩按"五级制"评定,分为优、良、中、合格、不合格五个等级。

2. 评定成绩主要参考项

(1)实习表现。主要看出勤率、实习态度、是否守纪、仪器爱护情况等。

(2)操作技能。主要看仪器的熟练程度,作业程序是否符合规范等。

(3)成果质量。各种记录手簿是否完整、书写工整、数据计算成果,地形图质量等。

(4)技能考核。主要是现场提问、实际操作、计算、绘图考核。

(5)实习报告。编写格式和内容符合要求,文字水平,解决问题、分析问题能力,及见解和建议等方面。

3. 奖罚措施

(1)实习期间不管任何原因,只要发生仪器损坏情况,该组都应承担相应责任并将成绩降低处理。

(2)实习期间违反实习纪律,实习时间未达到规定者,发生打架斗殴事件,私自离开实习场地,实习成果和实习报告不交或不全者,成绩为不合格。

(3)加分。实习当中提出可行性、合理性建议者可适当加分;实习期间协助指导教师完成管理工作者可适当加分;提前按质保量完成的实习小组可适当加分。

(五)实习组织

1.组织机构

(1)由指导教师、班长、学习委员组成实习实施团队,下设若干实习大组,每个大组分两小组。

(2)每个实习大组由7~10人组成,设组长、副组长各1人。

2.职责分工

(1)班长。检查全班各组考勤和各小组实习进度,协助解决实习有关事宜。

(2)学习委员。检查各组仪器使用情况,收集各小组的实习成果。

(3)组长。提出制订本组的实习工作计划,全组讨论通过;收集保管本组的实习资料和成果;负责一个小组的实习安排。

(4)副组长。负责本组仪器的保管及安全检查、保管本组实习内业资料;负责另一小组的实习安排。

(六)实习注意事项

(1)实习中,学生应遵守仪器的正确使用和管理的有关规定。不得违反仪器的操作规定或对仪器故意破坏。

(2)实习期间,各实习小组组长应认真负责、合理安排小组工作,应使小组中各成员的各个工种都能参与进行,使每个组员都有机会练习。

(3)实习中,各实习小组间应该加强团结,组内成员应相互理解和尊重,团结协作,共同完成实习任务,不得有打架斗殴等现象发生。

(4)实习期间要特别注意人员和仪器的安全,各组要有专人看管仪器和工具,作业时不允许出现仪器旁边没人的情况发生,尤其是对于电子仪器设备应有相应的保护措施,如防止太阳照射,雨水淋湿等。每天实习完成回来之前应对所带出的设备进行清点,有问题应向指导教师如实汇报。

(5)观测期间应将仪器安置好,由于不正确的操作导致仪器有任何损坏,则由责任人负责赔偿,并按学院规定处理。注意行人和车辆对仪器的影响。出现问题应向指导教师汇报,不得私自拆卸仪器。

(6)所有的观测数据必须直接记录在规定的手簿中,不得将野外观测数据转抄,严禁涂改、擦拭和伪造数据,在完成一项测量工作之后,必须现场完成相应的计算和整理数据工作,妥善保管好原始的记录手簿和计算成果。

(7)个人每天按要求记录实习日志,测量过程和成果必须符合规范要求,按实习计划完成各组实习任务。

附表 1　导线点点之记

点名:HY01

<table>
<tr><td colspan="3">详细位置图
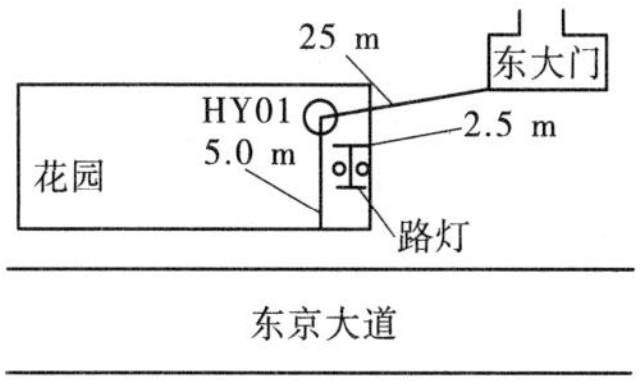
比例尺:1∶100</td><td colspan="3">标石断面图
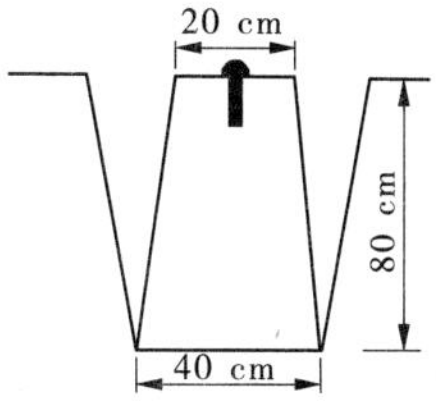</td></tr>
<tr><td>与相邻点的关系</td><td colspan="5">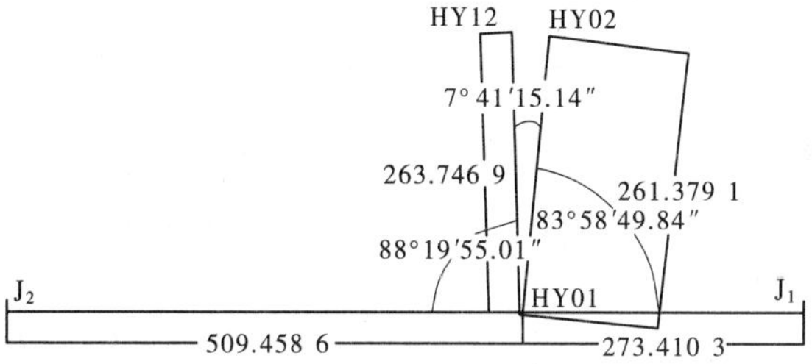</td></tr>
<tr><td>所在图幅</td><td colspan="2"></td><td>标石类型</td><td colspan="2">混凝土普通水准标石</td></tr>
<tr><td>经纬度</td><td colspan="2"></td><td>标石质料</td><td colspan="2">混凝土</td></tr>
<tr><td>所在地</td><td colspan="2">测绘学院</td><td>土地使用者</td><td colspan="2">测绘学院</td></tr>
<tr><td>地别土质</td><td colspan="2">沙土</td><td>地下水深度</td><td colspan="2"></td></tr>
<tr><td>交通路线</td><td colspan="5">从火车站下车,乘 8 路公交车至东京大道测绘学院南门下车即到</td></tr>
<tr><td>点位详细说明</td><td colspan="5">1. 距测绘学院东大门口约 25 m;
2. 距东京大道约 5.0 m;
3. 距东京大道边与测绘学院东南大门口之间路西的路灯约 2.5 m</td></tr>
<tr><td>接管单位</td><td colspan="2">测绘学院</td><td>保管者</td><td colspan="2">测绘学院</td></tr>
<tr><td>选点单位</td><td>工测 1801 班</td><td>埋石单位</td><td>测绘学院</td><td>维修单位</td><td>测绘学院</td></tr>
<tr><td>选点者</td><td>工测 1801 班</td><td>埋石者</td><td>工测 1801 班</td><td>维修者</td><td>测绘学院</td></tr>
<tr><td>选点日期</td><td>2018-04-05</td><td>埋石日期</td><td>2018-04-20</td><td>维修日期</td><td>2019-05-01</td></tr>
<tr><td>备注</td><td colspan="5">该点为平高点</td></tr>
</table>

导线点点之记

点名：

<table>
<tr><td>详细位置图

比例尺：</td><td>标石断面图</td></tr>
</table>

<table>
<tr><td>与相邻点的关系</td><td colspan="5"></td></tr>
<tr><td>所在图幅</td><td colspan="2"></td><td>标石类型</td><td colspan="2"></td></tr>
<tr><td>经纬度</td><td colspan="2"></td><td>标石质料</td><td colspan="2"></td></tr>
<tr><td>所在地</td><td colspan="2"></td><td>土地使用者</td><td colspan="2"></td></tr>
<tr><td>地别土质</td><td colspan="2"></td><td>地下水深度</td><td colspan="2"></td></tr>
<tr><td>交通路线</td><td colspan="5"></td></tr>
<tr><td>点位
详细
说明</td><td colspan="5"></td></tr>
<tr><td>接管单位</td><td colspan="2"></td><td>保管者</td><td colspan="2"></td></tr>
<tr><td>选点单位</td><td></td><td>埋石单位</td><td></td><td>维修单位</td><td></td></tr>
<tr><td>选点者</td><td></td><td>埋石者</td><td></td><td>维修者</td><td></td></tr>
<tr><td>选点日期</td><td></td><td>埋石日期</td><td></td><td>维修日期</td><td></td></tr>
<tr><td></td><td></td><td></td><td></td><td></td><td></td></tr>
<tr><td>备注</td><td colspan="5"></td></tr>
</table>

附表 2:水准、导线记录表

三(四)等水准测量观测手簿

自________年________月________日________时________分至________时________分

天气:________

成像:________

测点编号	后尺 上丝	前尺 上丝	方向及尺号	标尺读数		K+黑－红	高差中数	备注
	后尺 下丝	前尺 下丝						
	后距	前距		黑面	红面			
	视距差 d	$\sum d$						
			后					
			前					
			后－前					
			后					
			前					
			后－前					
			后					
			前					
			后－前					
			后					
			前					
			后－前					
			后					
			前					
			后－前					
			后					
			前					
			后－前					

水平角观测记录手簿

班级：　　　　组别：　　　　观测者：　　　　记录者：

测站	测回	竖盘位置	目标	水平度盘读数 (°　′　″)	半测回角值 (°　′　″)	一测回角值 (°　′　″)	各测回平均值 (°　′　″)	备注
		左						
		右						
		左						
		右						
		左						
		右						
		左						
		右						
		左						
		右						
		左						
		右						
		左						
		右						

导线电磁波测距记录手簿

网　名：　　　　　　边　名：　　　　　　日　期：

仪器名：　　　　　　天　气：　　　　　　观测者：

仪器号：　　　　　　风向力：　　　　　　记录者：

高程	测站员		仪器高			测量时间	始时间	
	镜站点		棱镜高				末时间	
	距离观测			气象观测				
第　测回						干温	湿温	气压,hPa
				测前	测站			
					镜站			
				测后	测站			
					镜站			
中数				中数				
第　测回						干温	湿温	气压,hPa
				测前	测站			
					镜站			
				测后	测站			
					镜站			
中数				中数				
第　测回						干温	湿温	气压,hPa
				测前	测站			
					镜站			
				测后	测站			
					镜站			
中数				中数				
第　测回						干温	湿温	气压,hPa
				测前	测站			
					镜站			
				测后	测站			
					镜站			
中数				中数				

碎部点记录表

点号	偏角（°　′）	平距（m）	高差（m）	高程（m）	备注

第三部分 习题集

项目一 测量知识准备

一、单选题

1. 测量学按其研究的范围和对象不同,一般可分为地形测量学、大地测量学、(　　)、摄影测量与遥感、地图制图学。

A. 一般测量学　B. 坐标测量学　C. 工程测量学　D. 高程测量学

2. 将实地的点位通过测量在图纸上标出来的工作称为(　　)。

A. 导线测量　B. 测设　C. 图根控制测量　D. 测定

3. 地理坐标分为(　　)。

A. 天文坐标和大地坐标　B. 天文坐标和参考坐标

C. 参考坐标和大地坐标　D. 三维坐标和二维坐标

4. 起始子午面是通过(　　)的子午面。

A. 幸运岛　B. 纽伦堡

C. 威尼斯　D. 英国格林尼治天文台

5. 地面点到大地水准面的铅垂距离称为该点的(　　)。

A. 高差　B. 距离　C. 相对高程　D. 绝对高程

6. 绝对高程的起算面是(　　)。

A. 大地水准面　B. 大地水平面　C. 假定水准面　D. 水平面

7. 对地面点 A,任取一个水准面,则 A 点至该水准面的铅垂距离为(　　)。

A. 绝对高程　B. 海拔　C. 高差　D. 相对高程

8. 目前我国采用的高程基准是(　　)。

A. 1956 年黄海高程　B. 1965 年黄海高程

C. 1985 国家高程基准　D. 1985 年国家高程基准

9. 目前我国采用的全国统一坐标系是(　　)。

A. 2000 国家大地坐标系　B. 1954 年北京坐标系

C. 1980 西安坐标系　D. 1980 年西安坐标系

10. 测量的基本工作包括水平角测量、水平距离测量和(　　)。

A. 高差测量　B. 三角测量　C. 垂直角测量　D. 导线测量

11. 高斯平面直角坐标通常将 y 值加上 500 km 并且冠以带号的坐标值叫作(　　)。

A. 真实值　B. 自然值　C. 通用值　D. 平差值

12. 已知 A 点的高程是 102 m,B 点的高程是 128 m,C 点的高程是 138 m,则 B、A 点高差

是(　　)m。

A. -26　　B. 26　　C. 36　　D. 12

13. 地面上两点的高程之差称为(　　)。

A. 平差　　B. 距离差　　C. 误差　　D. 高差

14. 测定地面点平面坐标的主要工作是(　　)。

A. 测量水平距离　　B. 测量水平角

C. 测量水平距离和水平角　　D. 测量垂直角

15. 确定地面点的空间位置是采用(　　)来表示的。

A. 地理坐标　　B. 假定坐标　　C. 坐标和高程　　D. 平面直角坐标

16. 在小范围测量工作中测量采用的基准面是(　　)。

A. 水准面　　B. 水平面　　C. 圆球面　　D. 旋转椭球面

17. 在高斯6°投影带中,带号为 N 的投影带中央子午线的经度 λ 计算公式是(　　)。

A. $\lambda = 6°N$　　B. $\lambda = 3°N$　　C. $\lambda = 3°N - 3$　　D. $\lambda = 6°N - 3$

18. 在高斯3°投影带中,带号为 N 的投影带中央子午线的经度 λ 计算公式是(　　)。

A. $\lambda = 6°N$　　B. $\lambda = 3°N$　　C. $\lambda = 6°N - 3$　　D. $\lambda = 3°N - 3$

19. 在6°高斯投影中,我国为了避免横坐标出现负值,故规定将坐标纵轴向西平移(　　)km。

A. 100　　B. 300　　C. 500　　D. 700

20. 测量工作应遵循的原则是从整体到局部、(　　)。

A. 先规划后实施　　B. 先细部再展开　　C. 先控制后碎部　　D. 先碎部后控制

21. 水准面有无数多个,其中与平均海水面相吻合的那一个,称为(　　)。

A. 平均水准面　　B. 大地水准面　　C. 统一水准面　　D. 协议水准面

22. 已知某点的通用横坐标为18 785 856.4,则该点的自然横坐标为(　　)。

A. 18 785 856.4　　B. 285 856.4　　C. 500 000　　D. 785 858.4

23. 已知 B 点高程为65.345 m,测得 A、B 高差为-34.655 m,A 点的高程是(　　)。

A. 100 m　　B. 30.69 m　　C. 34.345 m　　D. 34.655 m

24. 在高斯投影中,离中央子午线越远,则变形(　　)。

A. 越小　　B. 越大

C. 相同　　D. 北半球越大,南半球越小

25. 已知地面两点距离为30 000 m,则求得用水平面代替水准面对距离的影响是(　　)。

A. 0.222 m　　B. 2.220 m　　C. 0.000 2 m　　D. 0.022 2 m

26. 对(　　)测量而言,用水平面代替水准面地球曲率对其影响是很大的,即使距离很短也必须考虑其影响。

A. 距离　　B. 角度　　C. 高差　　D. 温度

27. 为了避免(　　),提高测量的精度和速度,测量工作要遵守测量工作的原则。

A. 错误的累积　　B. 距离误差的累积

C. 高差误差的累积　　D. 误差的累积

28. 在高斯平面直角坐标系中,纵轴为(　　)。

A. x 轴,向东为正　B. y 轴,向东为正　C. x 轴,向北为正　D. y 轴,向北为正

29. A 点的高斯坐标为 $x_A = 112\ 240$ m, $y_A = 19\ 343\ 800$ m,则 A 点所在 6°带的带号及中央子午线的经度分别为(　　)。

A. 11 带,66　B. 11 带,63　C. 19 带,117　D. 19 带,111

30. 在(　　)为半径的圆面积之内进行平面坐标测量时,可以用过测区中心点的切平面代替大地水准面,而不必考虑地球曲率对距离的投影。

A. 100 km　B. 50 km　C. 25 km　D. 10 km

31. 对于高差测量,用水平面代替水准面的限度是(　　)。

A. 在以 10 km 为半径的范围内可以代替　B. 在以 20 km 为半径的范围内可以代替

C. 不论多大距离都可代替　D. 不能代替

32. 高斯平面直角坐标系中直线的坐标方位角是按(　　)方式量取的。

A. 纵坐标北端起逆时针　B. 横坐标东端起逆时针

C. 纵坐标北端起顺时针　D. 横坐标东端起顺时针

33. 地面某点的经度为东经 85°32′,该点应在 3°带的第几带?(　　)

A. 28　B. 29　C. 27　D. 30

34. 高斯投影属于(　　)。

A. 等面积投影　B. 等距离投影　C. 等角投影　D. 等长度投影

35. 测量使用的高斯平面直角坐标系与数学使用的笛卡儿坐标系的区别是(　　)。

A. x 轴与 y 轴互换,第一象限相同,象限逆时针编号

B. x 轴与 y 轴互换,第一象限相同,象限顺时针编号

C. x 轴与 y 轴不变,第一象限相同,象限顺时针编号

D. x 轴与 y 轴互换,第一象限不同,象限顺时针编号

36. 测量上所使用的高斯平面直角坐标系,规定 x 轴正向指向(　　)。

A. 东方向　B. 南方向　C. 西方向　D. 北方向

37. 工程测量的三个阶段及其顺序通常为(　　)。

A. 规划设计、施工放样、竣工验收　B. 施工放样、规划设计、竣工验收

C. 施工放样、竣工验收、规划设计　D. 竣工验收、规划设计、施工放样

38. 以下不属于测量三项基本工作的是(　　)。

A. 面积测量　B. 距离测量　C. 角度测量　D. 高程测量

39. 测量工作的原则是“先控制后碎部”,这是因为(　　)。

A. 作业方便　B. 防止误差的累积　C. 操作习惯　D. 以上都不对

40. 自然地球表面分布约 29% 陆地和约 71% (　　),它是一个蓝色的星球。

A. 山地　B. 沙漠　C. 植被　D. 海洋

41. 我国 1985 国家高程基准起算高程为(　　)。

A. 72.289　B. 72.254　C. 72.260　D. 72.227

42. 以下哪个坐标系不是我国统一平面坐标系(　　)。

A. 1954 北京坐标系　B. 1980 西安坐标系

C. 2000 国家大地坐标系　D. WGS84 坐标系

43. 我国 1980 西安坐标系的大地原点在(　　)。

A. 青岛观象山　　B. 陕西泾阳县永乐镇
C. 大沽口　　D. 吴淞口

44. 我国水准原点在(　　)。
A. 青岛观象山　　B. 永乐镇石际寺村　　C. 大沽口　　D. 吴淞口

45. 参考椭球面和(　　)是大地测量计算的基准。
A. 铅垂线　　B. 投影线　　C. 法线　　D. 平行线

二、多选题

1. 测量的基本工作(　　)。
A. 测水平距离　　B. 测水平角　　C. 测垂直角　　D. 测高程

2. 测量工作的基本原则是(　　)。
A. 先整体后局部　　B. 先控制后碎部
C. 从高级到低级,步步有检核　　D. 先导线测量后地形图测绘

3. 我国使用的平面坐标系的标准名称是(　　)。
A. 1954 北京坐标系　　B. 1954 年西安坐标系
C. 1980 西安坐标系　　D. 1980 年北京坐标系
E. 2000 国家大地坐标系

4. 以下关于大地水准面的描述正确的是(　　)。
A. 不规则曲面　　B. 外业观测的基准面
C. 就是指自然地表面　　D. 实际存在的

5. 地面点位若用地理坐标表示,应为(　　)。
A. 经度　　B. 纬度　　C. 绝对高程　　D. 相对高程

6. 在半径为 10 km 的圆面积之内进行测量时,能将水准面当作水平面看待的是(　　)。
A. 距离测量　　B. 角度测量　　C. 高程测量　　D. 以上答案都不对

三、判断题

1. 测量工作的基准线是水平线。(　　)
2. 绝对高程的起算面是任意水准面。(　　)
3. 测量上所选用的平面直角坐标系,规定 X 轴正向指向北方向。(　　)
4. 与平均海洋水面相吻合的水准面称为大地水准面。(　　)
5. 测定是用测量的方法将地面上的地物、地貌按照一定的比例尺和符号表示在平面图纸上,而测设是将图纸上设计建筑物的位置在实地上标定出来,以便施工。(　　)
6. 地面点到大地水准面的铅垂距离为相对高程。(　　)
7. 我国的高程系统有北京 54 坐标系和西安 80 坐标系。(　　)
8. 我国使用高程系的标准名称是 1956 年黄海高程系和 1985 国家高程基准。(　　)
9. 已知某点在高斯 3°投影带中,带号 $N=50$,其投影带的中央子午线的经度是 297°。(　　)
10. 从地面上沿某点的铅垂线至任意水准面的距离称为相对高程。(　　)

11. 处处与铅垂线相垂直是水准面的特性。 ( )
12. 测量上的坐标象限采用的是逆时针编号。 ( )
13. 平面直角测量坐标系与数学坐标系的 X 轴、Y 轴规定相反。 ( )
14. 测量平面直角坐标系规定纵轴为 Y,横轴为 X。 ( )
15. 我国 1985 国家高程基准面是采用 1952 ~ 1979 年的观测资料,确定的黄海平均海水面。 ( )
16. 高差是地面上两点间绝对高程或相对高程之差。 ( )
17. 我国的测量基准面是采用南海平均海水面。 ( )
18. 大地水准面包围所形成的形体,称为地球椭球体。 ( )
19. 设某地面点的经度为东经 139°,则该点位于 6°投影带时的第 24 带。 ( )
20. 高斯投影属于等角投影。 ( )
21. 设某地面点的经度为东经 73°,则该点位于 3°投影带时的第 24 带。 ( )
22. 已知 A 点的高程 H_A 为 111.445 m,B 点的高程 H_B 为 141.445 m,则 A 点比 B 点低。 ( )
23. 在 6°高斯投影中知道 16 带中的某点横坐标为 -263 656.7 m,则该点的通用坐标为 16 236 343.3 m。 ( )
24. 已知我国境内某点的高斯平面直角坐标通用值为 x = 136 684.25 m,y = 18 263 215.36 m,该点坐标是按 3°带投影计算的。 ( )
25. 测得 A、B 两点高差为 -36.632 m,知道 B 点到大地水准面的铅垂距离为 63.368 m,则 A 点的绝对高程为 100 m。 ( )
26. 已知 A 点的 1956 年黄海高程系高程为 88.635 m,换为 1985 国家高程基准的高程为 88.606 m。 ( )
27. 绝对高程没有负值。 ( )
28. 组织测量工作应遵循的原则是布局上从整体到局部,精度上由高级到低级,工作次序上先碎部后控制。 ( )
29. 测量学中,将空间坐标系分为参心坐标系和地心坐标系,工程测量中通常使用参心坐标系。 ( )
30. 2000 国家大地坐标系是地心坐标系,坐标原点位于参考椭球的中心,坐标轴指向与国际上定义的一致。 ( )
31. 我国的 1985 黄海高程系统考虑了海水潮汐等的周期性误差影响。 ( )
32. 测量工作的基准面是大地水准面。 ( )
33. 我国从 2008 年 7 月 1 日开始,启用“2000 国家大地坐标系”。 ( )
34. 高程与起算面有关,高差与起算面无关。 ( )
35. 水准面是重力等位面。 ( )
36. 测量坐标系中,象限的编号顺序为逆时针方向。 ( )
37. 地球椭球表面各点处法线与铅垂线都是重合的。 ( )
38. 在测量中,将地表面当平面对待,指的是在半径为 10 km 或在面积 320 km^2 的范围内时,距离测量数据不至于影响测量成果的精度。 ( )
39. 在半径为 10 km 的区域,地球曲率对水平距离的影响可以忽略不计,但不能忽略地

球曲率对高差的影响。　(　　)

40. 大地地理坐标又称大地坐标,是表示地面点在参考椭球面上的位置,其基准是法线和参考椭球面,它用大地经度 L 和大地纬度 B 表示。　(　　)

四、简答题

1. 简述测定和测设的区别。

2. 简述测量平面直角坐标系与数学坐标系的不同点。

3. 什么是绝对高程、相对高程和高差?

4. 确定地面点位要做哪些基本测量工作?

项目二　测量误差传播

一、单选题

1. 下列哪些误差属于系统误差(　　)。

A. 竖盘指标差、钢尺误差、标尺倾斜误差

B. 读数误差、照准误差、对中误差

C. 目标偏心差、仪器整平误差、水准尺零点误差

D. 视准轴误差、横轴误差、度盘偏心差

2. 在测量上将使用的测量仪器精度的高低、观测者操作技能的熟练程度和外界环境的优劣三方面的因素综合起来称为(　　)。

A. 必要条件　　B. 首要条件　　C. 观测条件　　D. 主要条件

3. 系统误差是函数规律性误差,对观测结果的影响是累积性的,必须通过(　　)、内业加入改正数加以削弱或消除。

A. 使用高精度精密测量仪器　　B. 高级工程师亲自观测

C. 搭建观测室在室内观测　　D. 野外采取相应措施

4. 在测量上称为观测条件的是(　　)。

(1)测量仪器精度的高低　　(2)观测者操作技能的熟练程度

(3)外界环境的优劣　　(4)观测者思想水平的高低

(5)观测者素质的高低　　(6)仪器是否经过检修

A. (1),(2),(5)　　B. (2),(3),(6)　　C. (4),(5),(6)　　D. (1),(2),(3)

5. 测量的误差源主要表现在观测者、观测使用的仪器、观测采用的方法、观测的对象和(　　)。

A. 过路的人　　B. 行驶的汽车　　C. 狂风暴雨　　D. 观测所处的环境

6. 对某一量多次重复观测得到一组观测值,则该量的最或然值指这组观测值的(　　)。

A. 最小值　　B. 中间值　　C. 最大值　　D. 算术平均值

7. 根据误差对观测结果影响性质不同,误差通常分为偶然误差、(　　)和粗差。

A. 极限误差　　B. 闭合差　　C. 相对误差　　D. 系统误差

8. 粗差是因各种干扰和测量人员(　　)造成的,这种错误必须予以避免。

A. 过路的人　　B. 行驶的汽车　　C. 狂风暴雨　　D. 观测者粗心大意

9. 偶然误差对观测结果的影响是随机的,实际上偶然误差是统计规律性误差,主要表现在偶然误差(　　)、对称性、聚积性、抵偿性等四个方面。

A. 有界性　　B. 收敛性　　C. 聚小性　　D. 对称性

10. 偶然误差的特性有(　　)。

(1)在一定的观测条件下,误差的绝对值不会超过一定的界限

(2)测量误差具有累积的特性　　(3)偶然误差的算术平均值的极限值趋近于零

(4)测量误差具有不可预见性　　(5)绝对值相等的正负误差出现的概率相等

(6)绝对值较小的误差比绝对值较大的误差出现概率大

A. (1),(2),(4),(6)　　B. (1),(2),(3),(6)

C. (1),(5),(4),(6)　　D. (1),(6),(5),(3)

11. 下列哪些误差属于偶然误差。(　　)

A. 竖盘指标差、钢尺误差、标尺倾斜误差

B. 读数误差、照准误差、对中误差

C. 目标偏心误差、仪器整平误差、水准尺零点误差

D. 视准轴误差、横轴误差、度盘偏心差

12. 多余观测的目的是为了发现错误和(　　)。

A. 提高精度　　B. 让出现不符值　　C. 聚小性　　D. 对称性

13. 用 DJ_6 级光学经纬仪测量一测回方向值的中误差为 ±6″，则一测回角值的中误差为(　　)。

A. ±6″　　B. ±8.5″　　C. ±10″　　D. ±12″

14. 水准测量时，设每站高差观测中误差为 ±3 mm，若 1 km 观测了 16 个测站，则 1 km 的高差观测中误差为________，每千米的高差中误差为________。(　)

(1) ±3 mm　(2) ±5.3 mm　(3) ±12 mm　(4) ±13 mm

(5) ±3 mm　(6) ±5.3 mm　(7) ±12 mm　(8) ±13 mm

A. 第一个空(1)，第二个空(5)　　B. 第一个空(2)，第二个空(6)

C. 第一个空(3)，第二个空(7)　　D. 第一个空(4)，第二个空(8)

15. 通常用(　　)、相对误差、极限误差等几个数值，作为衡量精度的标准。

A. 中误差　　B. 绝对误差　　C. 概率密度函数值　　D. 容许误差

16. 在一定的观测条件下，对同一量进行 N 次观测，对应有 N 个观测值和 N 个独立的真误差，各个真误差平方和的平均值的平方根，称为该组观测值的(　　)。

A. 误差　　B. 真误差　　C. 中误差　　D. 平均值中误差

17. 某三角形两个内角的测角中误差分别为 ±5.5″与 ±3.0″，且误差独立，则余下一个角的中误差为(　)。

A. ±2.5″　　B. ±6.3″　　C. ±8.5″　　D. ±16.5″

18. 精度是衡量误差分布密集或(　　)程度的一个量。

A. 离散　　B. 准确　　C. 可靠　　D. 精确

19. 设对某角观测一测回的中误差为 ±9″，要使该角的观测精度达到 ±5″，至少需观测(　　)个测回。

A. 2　　B. 3　　C. 4　　D. 5

20. 根据偶然误差有界性的特点和误差出现的概率情况，通常用 3 倍中误差作为极限误差，这是因为(　　)。

A. 3 倍误差出现的概率为 68.3%

B. 3 倍误差出现的概率为 95.5%

C. 3 倍误差出现的概率为 99.7%

D. 大于 3 倍误差的中误差的出现概率仅占 0.3%，认为不会出现超过 3 倍中误差的误差

21. 用测角中误差为 ±5″的全站仪进行水平角测量，观测(　　)测回，测角精度能提高到 3″。

A. 2　　B. 3　　C. 4　　D. 5

二、判断题

1. 测量的一切结果都存在误差。　(　　)

2. 系统误差具有累积的特性。　(　　)

3. 观测条件的好坏影响观测结果的精度。　(　　)

4. 引起测量误差的因素有很多，概括起来主要有三个方面：(1) 测量仪器误差；(2) 观测者误差；(3) 外界条件的影响。　(　　)

5. 在相同的观测条件下，对一个量进行多次观测，如果误差在大小、符号上表现出一致的倾向，或者按照一定的规律性变化，或者保持一个常数，称为系统误差。（ ）

6. 在测量上将使用的测量仪器精度的高低、观测者操作技能的熟练程度和外界环境的优劣三方面的因素综合起来称为观测条件。（ ）

7. 只要认真观测、严格遵守测量规范，测量误差是可以避免的。（ ）

8. 系统误差是可以采用观测的手段和计算改正数的方法减弱或消除系统误差的影响。（ ）

9. 水准尺零点误差、经纬仪竖盘指标差和钢尺长度误差不属于系统误差。（ ）

10. 产生偶然误差的主要原因是测量仪器和工具构造不完善或校正不完全准确。（ ）

11. 偶然误差具有对称性、有界性、抵偿性和聚中性。（ ）

12. 测量误差分为偶然误差、偶然错误两类。（ ）

13. 读数误差、对中误差、瞄准误差是偶然误差。（ ）

14. 在相同的观测条件下，对一个量进行多次观测，从表面上看误差在大小、符号上没有规律性的变化，这种误差称为偶然误差。（ ）

15. 对一角度进行 4 次观测，观测值的平均值为 $46°36'26''$，每次观测值中误差为 $\pm 16''$，则平均值中误差是 $\pm 8''$。（ ）

16. 观测值的中误差是观测值的真误差。（ ）

17. 在一定的观测条件下，对同一量进行 N 次观测，对应有 N 个观测值和 N 个独立的真误差，各个真误差平方和的平均值的平方根，称为该组观测值的中误差。（ ）

18. 对一角度进行 16 次观测，观测值的平均值为 $46°36'26''$，每次观测值中误差为 $\pm 36''$，则平均值中误差是 $\pm 9''$。（ ）

19. 甲、乙两组分别对 A、B 两点，C、D 两点进行距离丈量，甲组对 A、B 两点的往测是 99.93 m，返测是 100.02 m，乙组对 C、D 两点的往测是 150.01 m，返测是 149.92 m，由于甲乙两组往返测的差值相同，所以他们的精度是一样的。（ ）

20. 真误差是衡量测量精度的标准之一。（ ）

21. 相对精度主要是用来评定距离的测量精度，也可以评定角度的相对精度。（ ）

22. 相对精度是用来评定距离的测量精度。（ ）

23. 极限误差也叫容许误差。（ ）

24. 相对精度包括相对较差、相对中误差、相对极限差。它们分别是较差、中误差、极限误差与其观测值之比，通常将分子化为 1 的分式表示。（ ）

25. 当要求较高时，一般取 1 倍或 2 倍中误差为极限误差。（ ）

三、简答与计算题

1. 何谓系统误差和偶然误差？偶然误差有哪些统计特性？

2. 怎样区分测量工作中的误差和粗差?

3. 为什么说观测值的算术平均值是最可靠值?

4. 在什么情况下采用中误差衡量测量的精度? 在什么情况下则用相对中误差衡量测量的精度?

5. 在相同的观测条件下,对某段距离丈量了 5 次,各次丈量的长度分别为:139.413 m、139.435 m、139.420 m、139.428 m、139.444 m。试求:

(1)距离的算术平均值;

(2)观测值的中误差;

(3)算术平均值的中误差;

(4)算术平均值的相对中误差。

6. 设对某水平角进行了 5 次观测,其角度为:63°26′12″,63°26′09″,63°26′18″,63°26′15″,63°26′06″。计算其算术平均值、观测值的中误差和算术平均值的中误差。

项目三　水准测量

一、单选题

1. 在水准测量中，若后视点 A 的读数大，前视点 B 的读数小，则有（　　）。
A. A 点比 B 点低　　B. A 点比 B 点高
C. A 点与 B 点可能同高　　D. A、B 点的高低取决于仪器高度
2. 水准测量中，设后尺 A 的读数 $a=1.713$ m，前尺 B 的读数为 $b=1.401$ m，已知 A 点高程为 15.000 m，则视线高程为（　　）m。
A. 13.688　　B. 16.312　　C. 16.401　　D. 16.713
3. 在普通水准测量中，应在水准尺上读取（　　）位数。
A. 5　　B. 3　　C. 2　　D. 4
4. 自动安平水准仪（　　）。
A. 既没有圆水准器也没有管水准器　　B. 没有圆水准器
C. 既有圆水准器也有管水准器　　D. 没有管水准器
5. 已知 A 点的高程 H_A 为 51.811 m，A 尺的尺读数 a 为 1.451 m，B 尺的尺读数 b 为 1.011 m，那么 B 点的高程是（　　）m。
A. 53.262　　B. 52.822　　C. 52.251　　D. 51.371
6. 已知 B 点高程为 65.345 m，测得 A、B 高差为 -34.655 m，A 点的高程是（　　）。
A. 100 m　　B. 30.69 m　　C. 34.345 m　　D. 30.345 m
7. 转动目镜对光螺旋的目的是（　　）。
A. 看清十字丝　　B. 看清物像
C. 消除视差　　D. 看清十字丝又看清物像
8. 水准测量时，尺垫应放置在（　　）上。
A. 水准点　　B. 转点
C. 土质松软的水准点　　D. 需要立尺的所有点
9. $h_{AB}>0$ 说明（　　）。
A. A 点高　　B. 无法判断　　C. A 点和 B 点等高　　D. B 点高
10. 在进行高程控制测量时，对于地势比较平坦的地区，一般采用（　　）。
A. 水准测量　　B. 视距测量　　C. 三角高程测量　　D. GPS 高程测量
11. 水准测量中的“测段”是指（　　）。
A. 水准路线上两相邻水准点之间的水准测线
B. 水准路线上两个普通水准点之间的水准测线
C. 水准路线上两个基本水准点之间的水准测线
D. 水准路线上两个永久性水准点之间的水准测线
12. 水准测量时，为了消除 i 角误差对一测站高差值的影响，可将水准仪安置在（　　）处。
A. 靠近前尺　　B. 前、后视距相等　　C. 靠近后尺　　D. 无所谓
13. 转动三个脚螺旋使水准仪圆水准器气泡居中的目的是（　　）。
A. 使视准轴平行于管水准轴　　B. 使视准轴水平

C. 使仪器竖轴平行于圆水准轴　　D. 使仪器竖轴处于铅垂位置

14. 产生视差的原因是(　　)。

A. 仪器校正不完善　　B. 物像与十字丝面未重合

C. 十字丝分划板不正确　　D. 目镜成像错误

15. 水准管分划值 τ 为(　　)弧长所对应的圆心角。

A. 1 mm　　B. 2 mm　　C. 3 mm　　D. 4 mm

16. 水准测量中，调整微倾螺旋使管水准器气泡居中的目的是使(　　)。

A. 竖轴竖直　　B. 视准轴水平　　C. 十字丝横丝水平　　D. 十字丝竖丝竖直

17. A、B、C 三点为一条支水准路线，A 点高程 $H_A=21.300$ m，往测高差为 $h_{AB}=-1.557$ m，$h_{BC}=+1.114$ m；返测高差为 $h_{CB}=-1.116$ m，$h_{BA}=+1.561$ m；那么 C 点高程 H_C 为(　　)。

A. 20.957　　B. 21.744　　C. 20.856　　D. 21.745

18. 附合水准路线高差闭合差的计算公式为(　　)。

A. $f_h=h_{往}-h_{返}$　　B. $f_h=\sum h$

C. $f_h=\sum h-(H_{终}-H_{始})$　　D. $f_h=H_{终}-H_{始}$

19. 在水准测量中转点的作用是传递(　　)。

A. 方向　　B. 角度　　C. 距离　　D. 高程

20. 检验水准仪的 i 角时，A、B 两点相距 80 m，将水准仪安置在 A、B 两点中间，测得高差 $h_{AB}=0.125$ m；将水准仪安置在距离 B 点 2 ~ 3 m 的地方，测得的高差为 $h_{AB'}=0.186$ m，则水准仪的 i 角为(　　)。

A. 157″　　B. −157″　　C. 0.000 76″　　D. −0.000 76″

21. 四等水准测量一测站的观测顺序是(　　)。

A. 前—前—后—后　　B. 后—前—前—后

C. 后—后—前—前　　D. 前—后—后—前

22. 四等水准测量一测站观测____个数据，计算____个数据。答案是(　　)

A. 8,10　　B. 4,8　　C. 6,8　　D. 6,10

23. 四等水准测量的前后视距差不得超过____ m，前后视距累积差不得超过____ m。答案是(　　)

A. 2,10　　B. 2,5　　C. 3,5　　D. 3,10

24. 四等水准测量黑红面读数差的限差是____ mm，黑红面所测高差之差的限差是____ mm。答案是(　　)

A. ±1，±2　　B. ±1，±2　　C. ±2，±3　　D. ±3，±5

25. 四等水准测量时，若黑面所测的高差为 +0.053 m，红面所测的高差为 −0.049 m，则该测站的高差中数为(　　)。

A. +0.052 m　　B. −0.052 m　　C. +0.002 m　　D. −0.002 m

26. 水准仪的(　　)应平行于仪器竖轴。

A. 视准轴　　B. 圆水准器轴　　C. 十字丝横丝　　D. 管水准器轴

27. 三、四等水准路线上埋设的普通水准标石距离通常为(　　)km。

A. 1 ~ 5　　B. 2 ~ 6　　C. 3 ~ 7　　D. 4 ~ 8

28. 点之记是(　　)。

A. 在控制点上建立的标志

B. 为便于以后寻找控制点,所绘制控制点与附近明显地物的关系草图

C. 记录控制点点号的记录手簿

D. 绘制的交通路线

29. 在水准测量观测中,后视尺和前视尺读数分别为 a 和 b,测得的高差 $h_{AB}>0$,则 a 和 b 的关系为(　　)。

A. $a>b$　　B. $a<b$　　C. $a=b$　　D. $a\neq b$

30. 在水准测量中,前后视距相等,可以消除(　　)的误差。

A. 视准轴不平行水准管轴　　B. 温度

C. 仪器下沉　　D. 读数

31. 根据某测站水准仪测得地面四个点的水准尺读数,可以判断出最高点的读数为(　　)。

A. 0.688 m　　B. 1.246 m　　C. 1.182 m　　D. 2.324 m

32. 由 A、B 点的高程 $H_A=100$ m、$H_B=200$ m,求高差 $h_{AB}=$(　　)m。

A. +100　　B. −100　　C. +200　　D. +300

33. 在进行水准测量时,由 A 点向 B 点进行测量,测得 A、B 两点之间的高差为 +0.698 m,且 B 点水准尺的读数为 1.376 m,则 A 点水准尺的读数应为(　　)m。

A. 0.778　　B. 2.074　　C. 0.678　　D. 2.084

34. 用水准测量法测定 A、B 两点的高差,从 A 到 B 共设了两个测站,第一测站后尺中丝读数 1.234,前尺中丝读数 1.470,第二测站后尺中丝读数 1.430,前尺中丝读数 0.728,则高差为(　　)m。

A. −0.930　　B. −0.466　　C. 0.466　　D. 0.938

35. 已知 $h_{AB}=+2.500$ m,$h_{AC}=-1.200$ m,则 h_{CB} 为(　　)。

A. +1.300 m　　B. +3.700 m　　C. −3.500 m　　D. −1.300 m

36. 往返水准路线高差平均值的正负号以(　　)的符号为准。

A. 往测高差　　B. 返测高差　　C. 往返测高差的代数和

37. 已知 A 点高程为 100.560 m,该 A 点水准尺的读数为 0.845 m,则水准仪的视线高程为(　　)m。

A. 101.405　　B. 100.560　　C. 99.615　　D. 0.845

38. 相对于 A 点所在的水准面,B 点的高程为 −23.356 m,已知 A 点的绝对高程为 72.368 m,则 B 点的绝对高程为(　　)。

A. 95.724 m　　B. −95.724 m　　C. 49.012 m　　D. −49.012 m

39. 已知 A 点的高程为正,B 点的高程为负,则 B、A 两点之间的高差为(　　)。

A. 负　　B. 正　　C. 不分正负　　D. 无法确定

40. 水准仪整平时,圆水准器气泡偏向哪个方向,则说明该方向偏(　　)。

A. 低　　B. 高　　C. 不高不低　　D. 无法确定

41. 水准仪的望远镜视准轴与水准管轴的夹角在竖直面上的投影叫作(　　)。

A. i 角(水准仪的视准轴误差)　　B. φ 角(水准仪的交叉误差)

C. 水平轴倾斜误差　　D. 竖直轴倾斜误差

42. 一对普通水准尺的红面尺常数为(　　)。

A. 4 687 mm 和 4 687 mm　　B. 0 mm 和 0 mm
C. 4 687 mm 和 4 787 mm　　D. 4 787 mm 和 4 787 mm

43. 双面水准尺黑红面底端刻度值相差多少(　　)。
A. 0.01 m　　B. 0.1 m　　C. 0.01 cm　　D. 0.1 cm

44. 高差闭合差的分配原则为(　　)成正比例进行分配。
A. 与测站数　　B. 与高差的大小
C. 与距离或测站数　　D. 与高程的大小

45. 水准仪中,水准管轴和视准轴的正确关系为(　　)。
A. 水准管轴平行于视准轴　　B. 水准管轴垂直于视准轴
C. 水准管轴相交于视准轴　　D. 以上都不是

46. 水准仪照准水准尺后,十字丝不清晰,应(　　)。
A. 调节物镜调焦螺旋　　B. 调节目镜调焦螺旋
C. 使仪器适当靠近观测目标　　D. 使仪器适当远离观测目标

47. 消除视差的方法是(　　)使十字丝和目标影像清晰。
A. 转动物镜对光螺旋　　B. 转动目镜对光螺旋
C. 交替调节目镜及物镜对光螺旋　　D. 先后调节目镜和物镜对光螺旋

48. DS_3 水准仪的基本操作步骤为(　　)。
A. 对中、整平、瞄准、读数　　B. 瞄准、精平、对中、读数
C. 粗平、瞄准、精平、读数　　D. 粗平、精平、瞄准、读数

49. 在支水准路线测量中,往测高差为 -20.864 m,返测高差为 +20.876 m,则往、返测高差中数为(　　)。
A. -0.012 m　　B. +0.012 m　　C. +20.870 m　　D. -20.870 m

50. 单一水准路线的三种形式中,检核条件少、精度最差的一种是(　　)。
A. 闭合水准路线　　B. 附合水准路线　　C. 支水准路线　　D. 水准网

51. 计算闭合水准路线的高差闭合差公式为(　　)。
A. $f_h = h_{往} - h_{返}$　　B. $f_h = \sum h$
C. $f_h = \sum h - (H_{终} - H_{始})$　　D. $f_h = H_{终} - H_{始}$

52. 普通水准测量中,高差总和与前视读数总和及后视读数总和的关系为(　　)。
A. $\sum h = \sum a + \sum b$　　B. $\sum h = \sum a - \sum b$　　C. $\sum h = \sum b - \sum a$　　D. 以上都不是

53. 在闭合水准路线中,已知起点的高程 $H_A = 75.000$ m,水准路线共 3 个测段,其高差分别为 $h_1 = 1.231$ m,$h_2 = -1.362$ m,$h_3 = 0.146$ m。则该水准路线的高差闭合差为(　　)mm。
A. 0　　B. ±15　　C. -15　　D. +15

54. 用双面尺进行水准测量,在某一测站上,黑面所测高差为 +0.102 m,红面所测高差为 +0.203 m,则该测站前视标尺的尺常数是(　　)。
A. 4687　　B. 4787　　C. 3015　　D. 3115

55. 在进行水准仪的 i 角检验时,后视点为 A,前视点为 B,仪器架在两点中间所测高差为 +0.122 m,当仪器移向 B 点附近时,所测高差为 -0.115 m。则判断(　　)。
A. 视准轴水平　　B. 视准轴向下倾斜　　C. 视准轴向上倾斜　　D. 无法判断

56. 在水准测量中,要求水准尺竖直立在水准点或转点上,若水准尺不竖直,则会使水准尺上的读数(　　)。

A. 变大　　B. 变小
C. 不变　　D. 随倾斜方向不同,大小不同

57. 四等水准测量中,每个测段设置偶数个测站,为消除哪项误差的影响(　　)。
A. 尺长误差　　B. 尺子弯曲差　　C. 零点不等差　　D. 尺子下沉

58. 在水准测量中,要求前、后视距离相等可以减弱(　　)的影响。
A. 读数误差　　B. 地球曲率　　C. 气泡居中　　D. 立尺不直

59. 水准测量时,为了消除 i 角误差对高差的影响,应将水准仪置在(　　)处。
A. 靠近前尺　　B. 到两尺等距离　　C. 靠近后尺　　D. 任意位置

60. 水准测量要求视线离开地面有一定高度,可以削弱(　　)。
A. i 角误差　　B. 沉降误差　　C. 标尺零点误差　　D. 大气折光误差

二、多选题

1. 高程测量按使用的仪器和方法不同分为(　　)。
A. 水准测量　　B. 闭合路线水准测量
C. 附合路线水准测量　　D. 三角高程测量
E. 三、四、五等水准测量

2. 高程测量的方法有(　　)。
A. 水准测量　　B. 三角高程测量　　C. GPS 高程测量　　D. 气压高程测量

3. 国家等级水准测量按精度分为(　　)。
A. 一等水准测量　　B. 二等水准测量　　C. 三等水准测量
D. 四等水准测量　　E. 五等水准测量

4. 关于我国现行的高程基准,下列描述错误的是(　　)。
A. 我国现行的高程基准是 1985 国家高程基准
B. 1985 国家高程基准是 1985 年 1 月 1 日正式启用
C. 1985 国家高程基准与 1956 黄海高程的平均海水面相同
D. 1985 国家高程基准设有两个原点,分别在青岛和西安
E. 1985 国家高程基准平均海水面比 1956 黄海高程的平均海水面高

5. 我国不同高程系统下水准原点的高程值为(　　)m。
A. 72.289　　B. 72.269　　C. 72.280　　D. 72.260

6. 我国使用高程系的标准名称是(　　)。
A. 1956 国家高程基准　　B. 1956 年黄海高程系
C. 1985 年黄海高程　　D. 1985 国家高程基准

7. 国家水准网布设的原则(　　)。
A. 从整体到局部　　B. 由高级到低级　　C. 分级布设　　D. 逐级控制

8. 单一水准路线按布设形式可以分为(　　)
A. 闭合水准路线　　B. 附合水准路线　　C. 支水准路线　　D. 导线网

9. 下列地点不应选设水准点的有(　　)。
A. 易受水淹、潮湿或地下水位较高处
B. 易发生土崩、滑坡、沉陷的地点
C. 距铁路 50 m、距公路 30 m 以内

D. 短期内由于建设发展,可能毁坏标石或阻碍观测的地点

10. 点之记是记载控制点位置和标石结构情况的资料,包括的内容有(　　)。

A. 点名和等级　B. 点位略图　C. 交通图　D. 点位说明

11. 工程上常用的水准测量为(　　)。

A. 二等　B. 三等　C. 四等　D. 等外

12. 水准点按精度等级和埋设规格不同分为(　　)水准点。

A. 普通　B. 基准　C. 基本　D. 基岩

13. 国家水准网布设成(　　)等级。

A. 一等　B. 二等　C. 三等　D. 四等

14. 设 A 点为后视点,B 点为前视点,后视读数 $a=1.124$ m,前视读数 $b=1.428$ m,则(　　)。

A. AB 高差为负　B. 后视点比前视点高

C. 若 A 点高程,则视线高程为 203.140 m

D. 若 A 点高程,则前视点高程为 202.320

E. 后视点比前视点低

15. 水准测量的基本原理的描述中,正确的是(　　)。

A. 利用水准仪提供的水平视线,在前后视标尺上进行读数

B. 已知 A 点高程为 H_A,AB 两点之间高差为 h_{AB},则 B 点高程 $H_B=H_A+h_{AB}$

C. 当两点间高差较大或距离较远时,需要加设转点多站完成

D. 用普通 3 m 尺测量时,测站的高差可以大于 3 m

16. 以下属于水准仪的结构部件的是(　　)。

A. 望远镜　B. 水准器　C. 基座　D. 光学对中器

17. 用来进行高差测量的仪器有(　　)。

A. 微倾式水准仪　B. 自动安平水准仪　C. 电子水准仪　D. 激光水平仪

18. 常见的水准尺有(　　)。

A. 塔尺　B. 折尺　C. 双面尺　D. 钢尺

19. 以下关于电子水准尺的使用描述正确的是(　　)。

A. 标尺应该立于无障碍物的地方

B. 测量时应使用标尺上的气泡保证标尺直立,标尺倾斜将带来误差

C. 标尺尺面反射光线过强时,应稍将标尺旋转以减少其反向光强度

D. 测量时应确保无阴影投射到标尺上

20. 水准尺按精度分为(　　)。

A. 普通水准尺　B. 精密水准尺　C. 双面尺　D. 单面尺

21. 在水准测量内业计算中,其闭合差按反号分配的有(　　)。

A. 闭合水准路线高差闭合差　B. 闭合导线角度闭合差

C. 附合水准路线高差闭合差　D. 坐标增量闭合差

E. 导线全长闭合差

22. 以下公式是用于计算图根水准测量高差闭合差限差的为(　　)mm。

A. $\pm 12\sqrt{n}$　B. $\pm 6\sqrt{n}$　C. $\pm 40\sqrt{L}$　D. $\pm 20\sqrt{L}$

23. 在 A、B 两点之间进行水准测量,得到满足精度要求的往测高差为 $+0.005$ m 和返测高差为 -0.009 m。已知 A 点高程 $H_A=417.462$ m,则(　　)。

A. B 点的高程为 417.460 m　B. B 点的高程为 417.469 m
C. 往、返测高差平均值为 +0.007 m　D. B 点的高程为 417.467 m
E. 往、返测高差之差为 -0.004 m

24. 闭合水准路线内业计算中的描述,正确的是(　　)。
A. 高差闭合差等于各测段高差之和
B. 每测段高差改正数按测段长度或测站数成正比例分配
C. 各测段高差改正数之和应等于高差闭合差的相反数
D. 各测段改正后高差之和等于零

25. 水准测量线路校核时,可把单一水准路线布设成下列哪种形式(　　)。
A. 闭合水准路线　B. 附合水准路线　C. 支水准路线　D. 水准网

26. 水准测量测站校核方法有(　　)。
A. 变动仪器高　B. 往返测法
C. 双面尺法　D. 采用闭合水准路线

27. 四等水准测量一测站的作业限差有(　　)。
A. 前、后视距差　B. 高差闭合差
C. 红、黑面读数差　D. 红黑面高差之差
E. 视准轴不平行水准管轴的误差

28. DS_3 水准仪应该满足(　　)轴系关系?
A. 圆水准轴应平行于仪器竖轴　B. 十字丝的横丝应该保持水平
C. 十字丝的竖丝应该保持竖直　D. 管水准轴应平行于视准轴

29. 对水准尺的检验校正包括以下(　　)项目。
A. 标尺圆水准器的检校　B. 标尺分划面弯曲差
C. 标尺零点不等差　D. 标尺名义米长

30. 把水准仪安置在前后尺中间为了消除(　　)误差的影响。
A. 零点不等差　B. 地球曲率的影响
C. 交叉角误差影响　D. i 角误差影响

31. 水准仪的主要轴线有(　　)。
A. 圆水准器轴　B. 仪器竖轴　C. 望远镜视准轴　D. 水准管轴

32. 精密水准测量中,为了减弱温度变化对 i 角的影响,通常采取(　　)措施。
A. 观测开始之前取出仪器,使其和外界温度趋于一致
B. 观测过程及搬站过程中打测伞,避免太阳直射仪器
C. 观测过程中尽量减少用手直接接触仪器的时间
D. 相邻测站采用相反的观测程序

33. 水准测量中使前后视距相等,可以消除或减弱下列(　　)误差的影响。
A. 地球曲率的影响　B. 大气折光的影响
C. 视准轴不平行于水准管轴的残余误差(i 角误差)
D. 仪器下沉的影响

34. 以下哪几项误差对水准标尺读数的影响与水准仪至水准标尺的距离成正比(　　)。
A. i 角误差　B. 大气折光差　C. 标尺零点差　D. 地球曲率差

35. 影响水准测量成果的误差有(　　)。

A. 视差未消除　　B. 水准尺未竖直

C. 估读毫米数不准　　D. 地球曲率和大气折光

E. 阳光照射和风力太大

三、判断题

1. 闭合水准路线高差闭合差的计算公式为 $f_h = \sum h - (H_{终} - H_{始})$。(　　)

2. 水准测量时,只要水准管气泡居中,视线就水平。(　　)

3. 水准仪检验校正有 3 项,其中最重要的是圆水准管轴平行于仪器竖轴。(　　)

4. 使用水准仪进行水准测量时,其精平的目的是使视准轴平行于管水准轴。(　　)

5. DS_3 水准仪上,水准管壁上刻有 1 mm 间隔的分划线,它所对应的圆心角,称为水准器的格值。(　　)

6. DS_3 水准仪检校时,A、B 两尺相距 70 m,仪器在两尺中点高差 $h_{AB} = 0.984$ m,仪器移到 A 点外 5 m 处高差 $h_{AB} = 0.990$ m,那么此仪器满足国家规范。(　　)

7. 水准测量中,读得后尺 A 的尺读数 a 为 0.112 m,前尺 B 的尺读数 b 为 2.442 m,那么两点的高差 h_{AB} 为 +2.330 m。(　　)

8. 水准仪检验校正一般有三项,它们分别是视准轴平行于水准管轴;圆水准管轴平行于仪器竖轴;十字丝横丝垂直于仪器竖轴。(　　)

9. 已知 A 点的高程 H_A 为 111.445 m,B 点的高程 H_B 为 141.445 m,则 A 点比 B 点低。(　　)

10. 微倾式水准仪观测两点高差时,如果红、黑面读数之差在允许范围内,那么观测结果一定正确。(　　)

11. 水准测量中要求前后视距离相等,其目的是消除水准管轴不平行于竖轴的误差影响。(　　)

12. 在同一测站水准测量中,当后尺读数大于前尺读数时说明后尺点低于前视点。(　　)

13. 微倾式水准仪观测读数前的最后一项操作是圆水准器整平。(　　)

14. 尺垫是水准测量中的重要工具,所以每次立尺时都应将尺垫垫在尺下。(　　)

15. 测得 A、B 两点高差为 −36.632 m,知道 B 点到大地水准面的铅垂距离为 63.368 m,则 A 点的绝对高程为 100 m。(　　)

16. 已知 A 点的 1956 年黄海高程系高程为 88.635 m,换为 1985 国家高程基准的高程为 88.606 m。(　　)

17. 绝对高程没有负值。(　　)

18. 已知闭合水准路线 $ABCA$,测得各段高差分别为 +3.542 m、−2.187 m、−1.338 m,则高差闭合差为 0.017 m。(　　)

19. 在使用微倾式水准仪测量高差时,需调微倾螺旋,使管水准器气泡影像符合才能读数。(　　)

20. 水准仪的 i 角是视准轴与水准管轴在竖直面上的投影夹角。(　　)

21. 自动安平水准仪因为没有管水准器,所以没有 i 角误差。(　　)

22. 高差闭合差的分配原则是将高差闭合差按测站数或距离成正比地平均分配到各观测高差中。(　　)

23. 三等水准测量中丝读数法的观测顺序为后、前、前、后。 ( )

24. 水准测量中为了防止标尺下沉，每次立尺时都应在下面安放尺垫。 ( )

25. 国家水准网采用从整体到局部，由高级到低级，分级布设、逐级加密的方法建立，分为一、二、三、四等水准网。 ( )

26. 四等水准测量时，若黑面所测的高差为 +0.054 m，红面所测的高差为 -0.044 m，则该测站的高差中数为 -0.055 m。 ( )

27. 四等水准测量采用中丝读数法的观测顺序为后、前、前、后。 ( )

28. 高差闭合差的分配原则是将高差闭合差反号按测站数或距离成正比地分配到各观测高差中。 ( )

29. 水准测量时使前后视距离相等，可以消除 i 角误差、地球曲率和大气折光对高差的影响。 ( )

30. 使用双面尺进行水准测量，可以消除标尺零点差对高差的影响。 ( )

31. 水准原点作为高程的起算点，它的高程值为 0 m。 ( )

32. 水准点应选在土质坚实、安静僻静、观测方便和利于长期保存的地点。 ( )

33. 水准路线应沿利于施测的公路、大路及坡度较小的乡村路布设。 ( )

34. 闭合水准路线比附合水准路线更可靠，检核条件更多。 ( )

35. 附合水准路线高差闭合差的理论值为零。 ( )

36. 支水准路线的高差闭合差为往测高差与返测高差的代数和。 ( )

37. 闭合水准路线的高差闭合差与已知点高程有关。 ( )

38. 水准测量的原理是利用仪器提供的水平视线，直接测定出地面点的高程。 ( )

39. 水准仪视准轴与管水准器轴要互相平行。 ( )

40. A、B 两点的高差为 $h_{AB}=-1.5$ m，则说明 A 点比 B 点高 1.5 m。 ( )

41. 水准测量中标尺在测线方向上前后倾斜对高差没有影响。 ( )

42. 水准仪视准轴是十字丝中心与物镜光心的连线。 ( )

43. 自动安平水准仪只有圆水准器而没有管水准器。 ( )

44. 测量中，视差就是视觉误差，取决于观测者的视力水平，而不能通过调节仪器的光学部件所消除。 ( )

45. 水准仪上圆水准器的作用是粗略整平，水准管的作用是精确整平。 ( )

46. 后尺红面为 4687 mm，前尺红面为 4787 mm 时，用红面计算的高差应加上 0.1 m 才正确。 ( )

47. 在水准测量中，如水准尺竖立不直则造成实际读数比其正确读数偏大。 ( )

48. 当水准尺在尺垫上转动方向时，尺底的高程会改变。 ( )

49. 尺垫由三角形的铸铁块制成，上部中央有突起的半球，下面有三个尖角以便踩入土中，使其稳定。 ( )

50. 使用水准仪进行水准测量时，其精平的目的是使圆水准器轴平行于仪器竖轴。 ( )

四、计算题

1. 如图 3-1 所示，在水准点 BM_1 至 BM_2 间进行水准测量，试在水准测量记录表 3-1 中进行记录与计算，并做计算校核（已知 $BM_1=138.952$ m，$BM_2=142.110$ m）。

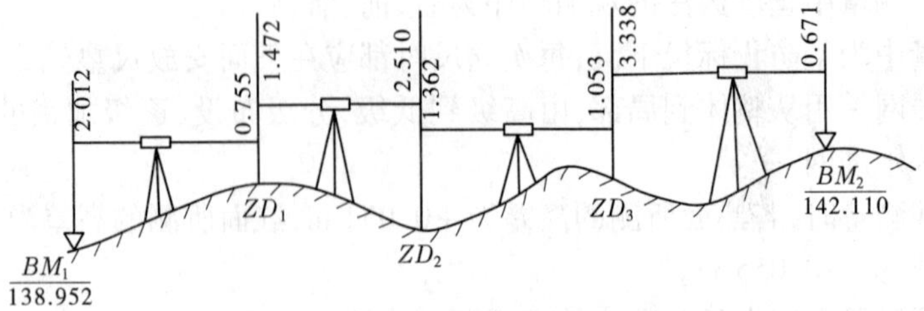

图 3-1　水准测量观测

表 3-1　水准测量记录表

测站	测点	后视读数（m）	前视读数（m）	高差（m）		高程（m）
				+	−	
合计						

2. 如图 3-2 所示，已知水准点 BM_A 的高程为 33.012 m，1、2、3 点为待定高程点，水准测量观测的各段高差及路线长度标注在图中，试计算各点高程，要求在表格 3-2 中计算。

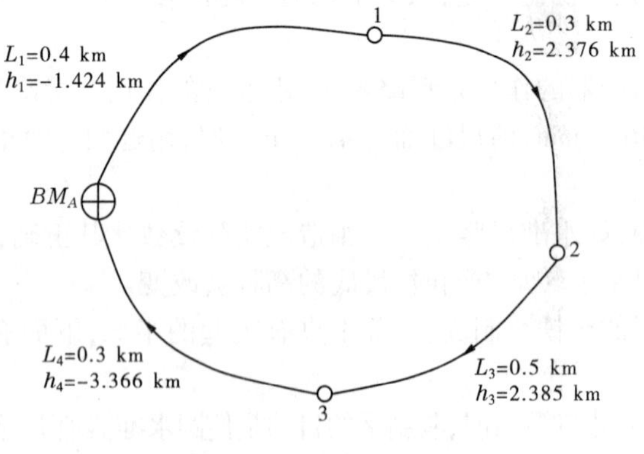

图 3-2　闭合水准路线

表 3-2　闭合水准内业计算

点号	L(km)	h(m)	v(mm)	$h+v$(m)	H(m)
A					33.012
	0.4	−1.424			
1					
	0.3	+2.376			
2					
	0.5	+2.385			
3					
	0.3	−3.366			
A					
合计					
辅助计算	$f_{h容}=\pm 40\sqrt{L}$ (mm) =				

3. 如图 3-3 所示，为一条四等附合水准路线，已知 $H_1=108.021$，$H_2=111.929$；试计算各待定点 A、B、C 的高程，要求在表格 3-3 中计算。

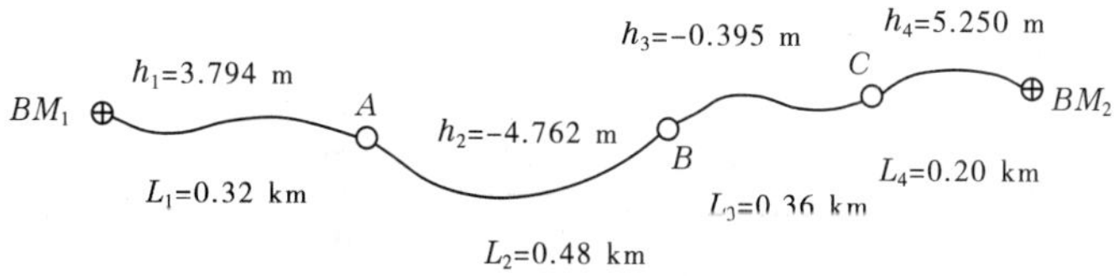

图 3-3　附合水准路线

表 3-3　附合水准内业计算

点号	L(km)	h(m)	v(mm)	$h+v$(m)	H(m)
BM_1					108.021
A					
B					
C					
BM_2					111.929
合计					
辅助计算	$f_{h容}=\pm 20\sqrt{L}$ (mm) =				

4. 如图 3-4 所示为四等水准闭合水准路线的略图和每站的观测数据，请将每一测站四等水准测量观测手簿（见表 3-4）填写完整，并完成内业计算，计算出待定水准点的高程，要求在表 3-5 中计算。

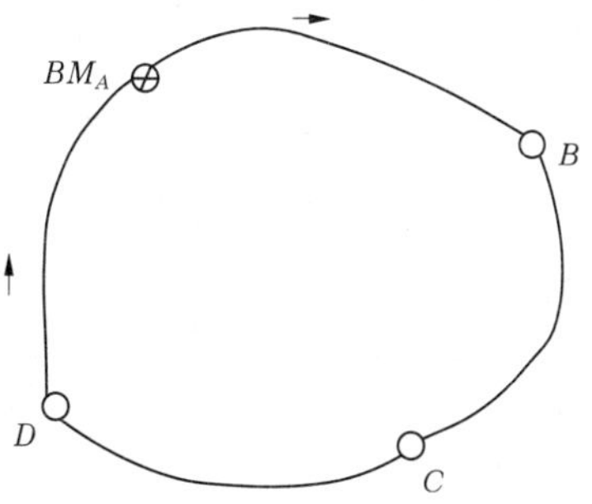

图 3-4　闭合水准路线

表 3-4　四等水准测量记录

测站编号	测点编号	后尺 上丝 / 下丝 / 后距 / 视距差 d	前尺 上丝 / 下丝 / 前距 / $\sum d$	方向及尺号	标尺读数 黑面	标尺读数 红面	K+黑－红	高差中数	备注
1	BM_A—TP_1	1532	1452	后 BM_A	1407	6093			
		1278	1189	前	1312	6100			
				后－前					
2	TP_1—TP_2	1454	1470	后	1258	6045			
		1060	1070	前	1270	5957			
				后－前					
3	TP_2—TP_3	1497	1588	后	1281	5968			
		1069	1151	前	1375	6163			
				后－前					
4	TP_3—TP_4	1435	1470	后	1250	6038			
		1071	1101	前 B	1285	5972			
				后－前					
1	B—TP_1	1607	1570	后 B	1439	6125			
		1266	1227	前	1398	6186			
				后－前					
2	TP_1—TP_2	1517	1543	后	1357	6142			
		1197	1214	前	1380	6068			
				后－前					
3	TP_2—TP_3	1598	1510	后	1416	6103			
		1232	1163	前	1331	6118			
				后－前					

续表 3-4

测站编号	测点编号	后尺 上丝 / 下丝 / 后距 / 视距差 d	前尺 上丝 / 下丝 / 前距 / $\sum d$	方向及尺号	标尺读数 黑面	标尺读数 红面	K+黑-红	高差中数	备注
4	TP_3—C	1538	1527	后	1352	6138			
		1168	1145	前 C	1335	6021			
				后-前					
1	C—TP_1	1640	1545	后 C	1450	6138			
		1256	1163	前	1354	6142			
				后-前					
2	TP_1—D	1592	1762	后	1330	6115			
		1062	1232	前 D	1498	6184			
				后-前					
1	D—TP_1	1452	1438	后 D	1268	5952			
		1080	1050	前	1242	6029			
				后-前					
2	TP_1—TP_2	1299	1318	后	1154	5941			
		1009	1009	前	1162	5850			
				后-前					
3	TP_2—TP_3	1345	1287	后	1198	5882			
		1090	1031	前	1178	5966			
				后-前					
4	TP_3—BM_A	1282	1300	后	1167	5953			
		1050	1071	前 BM_A	1183	5870			
				后-前					

表 3-5　闭合水准路线内业计算

点号	L(km)	h(m)	v(mm)	h + v(m)	H(m)

项目四　角度测量

一、单选题

1. 垂直角(　　)。

A. 只能为正　B. 只能为负　C. 可为正，也可为负　D. 不能为零

2. 一点到两目标的方向线垂直投影到水平面上的夹角称为(　　)。

A. 垂直角　B. 水平角　C. 方位角　D. 象限角

3. 水平角的取值范围是(　　)。

A. 0° ~90°　B. 0° ~180°　C. 0° ~270°　D. 0° ~360°

4. 地面两点的连线、测站点至两个观测目标点连线的夹角，在(　　)上投影才能分别得到水平距离和水平角。

A. 水准面　B. 水平面　C. 参考椭球面　D. 大地水准面

5. 水平角测量的主要目的是(　　)。

A. 确定点的平面位置　B. 确定点的高程

C. 确定水平距离　D. 确定高差

6. 当经纬仪竖轴与仰视、平视、俯视的三条视线位于同一竖直面内时，其水平度盘读数值(　　)。

A. 相等　B. 均等于平视方向的读数值

C. 不等　D. 仰视方向读数值比平视度盘读数值大

7. 水平角测量时，角值 $\beta = b - a$。现已知读数 a 为 182°33′24″，读数 b 为 102°42′12″，则角值 β 是(　　)。

A. －79°51′12″　B. 280°08′48″　C. 79°51′12″　D. －280°08′48″

8. 测量水平角时，应使(　　)精确瞄准目标并尽量瞄准目标底部。

A. 十字丝　B. 十字丝中丝　C. 十字丝竖丝　D. 十字丝横丝

9. 用经纬仪观测水平角时，尽量照准目标的底部，其目的是消除(　　)误差对测角的影响。

A. 对中　B. 照准　C. 目标偏离中心　D. 整平

10. 垂直角的取值范围是(　　)

A. 0° ~360°　B. −90° ~90°　C. −180° ~ +180°　D. 0° ~180°

11. 天顶距角值范围为(　　)。

A. 0° ~360°　B. 0° ~180°　C. −90° ~90°　D. 0° ~ ±90

12. 在一个竖直面内,视线与水平线的夹角叫作(　　)。

A. 水平角　B. 垂直角　C. 天顶距　D. 方位角

13. 垂直角与天顶距的关系是(　　)。

A. 两者相等　B. 两者互补　C. 两者互余　D. 两者互为相反数

14. 测定一点垂直角时,若仪器高不同,但都瞄准目标同一位置,则所测垂直角(　　)。

A. 相同　B. 不同　C. 可能相同　D. 可能不相同

15. 当经纬仪的望远镜上下转动时,竖直度盘(　　)。

A. 与望远镜一起转动　B. 与望远镜相对运动

C. 不动　D. 有时转动,有时不转动

16. 经纬仪对中整平的正确操作程序是(　　)。

①利用光学对中器进行对中;②旋转 90°调节另外一个调焦螺旋使管水准器气泡居中;③升降脚架使圆水准器气泡居中;④使管水准器轴线平行于任意两个调焦螺旋形成的边并调节这两个调焦螺旋使管水准器气泡居中。

A. ① - ④ - ③ - ②　B. ① - ② - ③ - ④

C. ① - ③ - ④ - ②　D. ① - ③ - ② - ④

17. 电子经纬仪的读数系统是采用(　　)。

A. 光电扫描度盘自动计数,自动显示　B. 光电扫描度盘自动计数,光路显示

C. 光学度盘,自动显示　D. 光学度盘,光路显示

18. 在全圆测回法观测中,同一盘位起始方向的两次读数之差叫(　　)。

A. 归零差　B. 测回差　C. $2C$ 互差　D. 指标差

19. 用经纬仪或水准仪望远镜在标尺上读数时,都应首先消除视差,产生视差的原因是(　　)。

A. 外界亮度不够　B. 标尺的像面与十字丝平面没能重合

C. 标尺不稳　D. 物镜调焦不好

20. 测回法测量水平角时一测回的正确操作程序是(　　)。

①将仪器在测站点对中整平;②顺时针方向旋转照准部,精密照准右边的目标 2,读记水平度盘读数;③纵转望远镜,精确照准右边目标 2,读记水平度盘读数;④盘左位置精确瞄准左边的目标 1,并将水平度盘配置成正确的位置,读记水平度盘读数;⑤逆时针方向旋转照准部,精确照准左边的目标 1,读记水平度盘读数,以上观测程序称为一测回。

A. ① - ④ - ② - ③ - ⑤　B. ① - ② - ③ - ④ - ⑤

C. ① - ③ - ② - ④ - ⑤　D. ① - ③ - ④ - ② - ⑤

21. 用测回法观测水平角,测完上半测回后,发现水准管气泡偏离 2 格多,在此情况下应(　　)。

A. 继续观测下半测回　B. 整平后观测下半测回

C. 整平后本测回重测　　D. 整平后全部重测

22. 水平角观测照准目标时，如果竖盘位于望远镜的左边，称为____；竖盘位于右测称为____，盘左盘右观测一次，称为____。(　)

A. 正镜，倒镜，一个测回　　B. 倒镜，正镜，半个测回

C. 盘右，盘左，一个测回　　D. 盘左，盘右，半个测回

23. 水平角观测中，目标偏心误差对水平角的影响最大的是(　)。

A. 偏心误差垂直于观测方向　　B. 偏心误差平行于观测方向

C. 测站与目标距离较大　　D. 测站与目标距离较小

24. 水平角观测中，盘左起始方向 OA 的水平度盘读数为 358°12′15″，终了方向 OB 的对应读数为 154°18′19″，则 $\angle AOB$ 前半测回角值为(　)。

A. 156°06′04″　　B. －156°06′04″

C. 203°53′56″　　D. －203°53′56″

25. 测回法测水平角时，如要测四个测回，则第二测回起始读数为(　)。

A. 0°00′00″　B. 45°00′00″　C. 90°00′00″　D. 135°00′00″

26. 适用于观测两个方向之间的单个水平角的方法是(　)。

A. 测回法　B. 方向法　C. 全圆方向法　D. 任意选用

27. 水平角观测时，各测回间改变零方向度盘位置是为了削弱(　)误差的影响。

A. 视准轴　B. 横轴　C. 指标差　D. 度盘分划

28. 使用 DJ_6 一测回法测量某水平角，上下半测回角度值互差不超过(　)时，取二者平均值作为本测回观测角度。

A. ±18″　B. ±24″　C. ±36″　D. ±42″

29. 使用 DJ_6 多测回法测量某水平角，当各测回之间互差不超过(　)时，取各测回平均值作为观测结果。

A. 24″　B. ±24″　C. 18″　D. ±18″

30. 下列哪项不是方向观测法观测水平角的限差(　)。

A. 归零差　B. $2C$ 误差　C. 测回差　D. i 角误差

31. 在观测垂直角时，用经纬仪正倒镜观测能消除(　)。

A. 视差　B. 视准差　C. 指标差　D. 度盘刻划误差

32. 经纬仪在盘左位置时将望远镜置平，使其竖盘读数为 90°，望远镜物镜端抬高时读数减少，其盘右的垂直角公式(　)。

A. $\alpha_{右}=270°-R$　　B. $\alpha_{右}=R-270°$

C. $\alpha_{右}=180°-R$　　D. $\alpha_{右}=R-180°$

33. 经纬仪视准轴检验的校正的目的是(　)。

A. 使视准轴垂直横轴　　B 使横轴垂直于竖轴

C. 使视准轴平行于水准管轴　　D. 使横轴垂直于竖轴

34. 经纬仪的主要轴线应满足的几何条件有(　)。

①水准管轴垂直于竖轴；②十字丝竖丝垂直于横轴；③视准轴垂直于横轴；④横轴垂直于竖轴；⑤水准管轴平行于视准轴；⑥圆水准轴平行于竖轴

A. ①②③④　B. ①②⑤⑥　C. ①③④⑥　D. ②③⑤⑥

35. 竖轴倾斜引起的误差，用盘左、盘右观测取平均值。(　　)。

A. 可以消除　B. 不可以消除

C. 可以减弱其影响　D. 有时可以消除，有时不可以消除

36. 采用盘左盘右观测取平均值的方法，不能消除下面哪个误差(　　)。

A. 视准轴不垂直于水平轴的误差　B. 水平轴不垂直于竖轴的误差

C. 水平度盘偏心误差　D. 仪器竖轴倾斜引起的水平角测量误差

37. 经纬仪各轴线的几何关系均已满足，并略去各项误差的影响，盘左盘右照准同一目标，则水平度盘读数的数学关系是(　　)。

A. $L=R$　B. $L-R=180°$　C. $L+R=180°$　D. $L+R=360°$

38. 在经纬仪照准部的水准管检校过程中，大致整平后使水准管平行于一对脚螺旋，把气泡居中，当照准部旋转 180°后，气泡偏离零点，说明(　　)。

A. 水准管轴不平行于横轴　B. 仪器竖轴不垂直于横轴

C. 水准管轴不垂直于仪器竖轴　D. 水准管轴不垂直于横轴

39. 望远镜视准轴不垂直于仪器横轴所引起的误差称视准轴误差，也称 2 倍照准差，简称(　　)。

A. $2A$　B. $2B$　C. $2C$　D. $2D$

40. 用经纬仪测水平角和垂直角，一般采用正倒镜方法，下面哪个仪器误差不能用正倒镜法消除(　　)。

A. 视准轴不垂直于横轴　B. 竖盘指标差

C. 横轴不水平　D. 竖轴不垂直

41. 检验经纬仪水准管轴垂直于竖轴，当气泡居中后平转 180°时，气泡已偏离。此时用校正针拨动水准管校正螺丝，使气泡退回偏离值的(　　)，即已校正。

A. 1/2　B. 1/4　C. 全部　D. 2 倍

42. 在经纬仪水平角观测中，若某个角需要观测几个测回，为了减少度盘分划误差的影响，各测回间应根据测回数 n，按(　　)变换水平度盘位置。

A. $90°/n$　B. $180°/n$　C. $270°/n$　D. $360°/n$

二、多选题

1. 经纬仪可以测量(　　)。

A. 磁方位角　B. 水平角　C. 水平方向值

D. 垂直角　E. 象限角

2. DJ_6 型光学经纬仪的主要组成部分有(　　)。

A. 基座　B. 望远镜　C. 水准管

D. 水平度盘　E. 照准部

3. 下面测量读数的做法错误的是(　　)。

A. 用水准仪测量高差，用竖丝切水准尺读数

B. 使用微倾式水准仪，每次读数前要使水准管气泡居中

C. 用经纬仪测量水平角，用横丝照准目标读数

D. 经纬仪测垂直角时，尽量照准目标的底部

E. 经纬仪测垂直角时，用竖丝照准目标读数

4. 角度测量误差分为(　　)。

A. 仪器误差　B. 对中误差　C. 目标偏心误差
D. 照准误差　E. 外界环境的影响

5. 减小目标偏心误差的方法有(　　)。

A. 照准标志应竖直　B. 尽量瞄准照准标志的底部
C. 尽量瞄准照准标志的中部　D. 减小仪器对中误差

6. 仪器对中误差对水平角观测的影响与(　　)因素有关。

A. 偏心距　B. 边长　C. 水平角大小　D. 垂直角

7. 用正倒镜分中法延长直线，可以消除或减少误差的影响(　　)。

A. $2C$　B. 视准轴不垂直于横轴
C. 横轴不垂直于仪器竖轴　D. 水准管轴不垂直于仪器竖轴
E. 对中

8. 角度观测过程中，属于观测本身的误差包括(　　)。

A. 读数误差　B. 照准误差　C. 对中误差
D. 目标偏心误差　E. 视准轴误差

9. 用正倒镜分中法延长直线，可以消除或减少误差的影响有(　　)。

A. 一测回 $2C$　B. 视准轴不垂直于横轴
C. 横轴不垂直于仪器竖轴　D. 水准管轴不垂直于仪器竖轴
E. 仪器对中误差

10. 影响照准误差的因素有(　　)。

A. 望远镜的放大率　B. 人眼的分辨率　C. 目标的清晰度　D. 仪器对中误差

11. 光学经纬仪应满足的条件是(　　)。

A. 视准轴应平行水准管轴　B. 竖丝应垂直于横轴
C. 水准管轴应垂直于竖轴　D. 视准轴垂直于横轴
E. 横轴应垂直于竖轴

12. 影响角度测量成果的主要误差是(　　)。

A. 仪器误差　B. 对中误差　C. 目标偏心误差
D. 竖轴误差　E. 照准误差

三、判断题

1. 利用经纬仪观测 AOB 的水平角与 BOA 的水平角是一样的。(　　)
2. 垂直角测量用于测定高差或将倾斜距离改化成水平距离。(　　)
3. 角度测量包括水平角测量和垂直角测量。(　　)
4. 经纬仪整平的目的是使视线水平。(　　)
5. 经纬仪水平度盘按顺时针方向刻划注记。(　　)
6. 用经纬仪观测水平角，瞄准目标时应用十字丝的中丝。(　　)
7. 用经纬仪照准同一个竖直面内不同高度的地面点，在水平度盘上的读数是不一样的。(　　)

8. 经纬仪对中误差所引起的角度偏差与测站点到目标点的距离成反比。（　　）

9. 竖盘指标差是由于竖盘指标水准管气泡不居中造成的误差。（　　）

10. 双盘位(盘左盘右取平均值)观测某个方向的垂直角可以消除竖盘指标差的影响。（　　）

11. 观测某目标的垂直角,盘左读数为101°23′36″,盘右读数为258°36′00″,则指标差为+12″。（　　）

12. 测定一点垂直角时,若仪器高不同,但都瞄准目标同一位置,则所测垂直角相同。（　　）

13. 竖盘指标差是由于竖盘指标水准管气泡不居中造成的误差。（　　）

14. 经纬仪的视准轴应垂直于横轴。（　　）

15. 经纬仪对中的目的是为了让仪器水平度盘中心与测站点在同一铅垂线上。（　　）

16. 经纬仪的横轴垂直于竖轴在仪器制造时是能够得到保证的,所以该项目无须检较。（　　）

17. 经纬仪上的水平制动螺旋、微动螺旋,望远镜制动螺旋、微动螺旋共同作用的目的是为了精确瞄准目标。（　　）

四、简答与计算题

1. 简述经纬仪测回法观测∠*ABC* 一个测回的方法与步骤。

2. 测回法水平角观测记录计算。

测回法水平角观测记录见表3-6。

表3-6　测回法水平角观测记录

测站	目标	竖盘位置	水平度盘读数（°　′　″）	半测回角值（°　′　″）	一测回角值（°　′　″）
B	*A*	左	0　01　24		
	C		111　41　18		
	A	右	180　01　48		
	C		291　41　36		

3. 试完成表3-7中垂直角观测手簿的计算。

表 3-7　垂直角观测与计算

测站	目标	竖盘位置	竖盘读数 (°　′　″)	半测回垂直角 (°　′　″)	指标差 (″)	一测回垂直角 (°　′　″)	备注
O	M	左	85　23　48				
		右	274　36　24				
	N	左	91　20　18				
		右	268　40　06				
	P	左	92　16　30				
		右	267　44　00				

4. 在 O 点假设经纬仪，观测目标 A、B 两者间的水平角，分别观测了以下数据：0°00′48″、72°38′18″、252°37′54″、180°00′36″、90°01′00″、162°38′24″、342°38′12″、270°00′42″，试填写表 3-8并计算 A、B 间的水平角。

表 3-8　水平角计算

测站	测回数	目标	水平度盘读数		半测回角值 (°　′　″)	一测回角值 (°　′　″)	各测回角值 (°　′　″)
			盘左 (°　′　″)	盘右 (°　′　″)			

项目五　距离测量

一、单选题

1. 地面两点间的水平距离是指(　　)。
   A. 该二地面点间连线的长度
   B. 该二地面点连线投影于水平面上的线段长度
   C. 该二地面点连线铅垂投影于水平面上的线段长度
   D. 过该二地面点的铅垂线之间的距离
2. 当钢尺的名义长度比实际长度短时，丈量的长度(　　)实际长度。
   A. 大于　　B. 小于　　C. 等于　　D. 不确定
3. 距离丈量的结果是求得两点间的(　　)。
   A. 倾斜距离　　B. 水平距离　　C. 折线距离
4. 在距离丈量中，衡量其丈量精度的标准是(　　)。

A. 相对误差　　B. 中误差　　C. 往返误差　　D. 往返较差

5. 为方便钢尺量距工作，有时要将直线分成几段进行丈量，这种把多根标杆标定在直线上的工作，称为(　　)。

A. 直线定向　　B. 直线定线　　C. 直线定标　　D. 直线定段

6. 下列不属于平量法丈量距离的基本要求的是(　　)。

A. 尺子要拉平　　B. 标杆要立直且定线要直

C. 对点投点和读数要准确　　D. 要往返丈量

7. 某段距离的平均值为 100 m，其往返较差为 +40 mm，则相对误差为(　　)。

A. 0.04/100　　B. 0.004　　C. 1/2 500　　D. 0.01/25

8. 一钢尺名义长度为 30 m，与标准长度比较得实际长度为 30.015 m，则用其量得两点间的距离为 64.780 m，该距离的实际长度是(　　)。

A. 64.748 m　　B. 64.812 m　　C. 64.821 m　　D. 64.784 m

9. 当钢尺的名义长度大于其实际长度时，会把所量测的距离(　　)。

A. 量长　　B. 量短　　C. 不长不短　　D. 量长或量短

10. 某一钢尺的名义长度为 30 m，其在标准条件检定时它的实际长度为 30.012 m，则其尺长改正为(　　)。

A. -0.012 m　　B. +0.012 m　　C. -0.006 m　　D. +0.006 m

11. 钢尺量距时，量得倾斜距离为 123.456 m，直线两端高差为 1.987 m，则高差改正值为(　　)。

A. -0.016　　B. 0.016　　C. -0.032　　D. 1.987

12. 钢尺精密量距的各改正值中，(　　)恒为负。

A. 尺长改正　　B. 温度改正　　C. 倾斜改正　　D. 拉力修正

13. 下列情况哪项使丈量结果比实际距离偏大(　　)。

A. 钢尺比标准长　　B. 拉力或大或小　　C. 读数不准　　D. 钢尺不水平

14. 当视线水平进行视距测量时，水平距离的计算公式是(　　)。

A. $D = Kn\cos 2\alpha$　　B. $D = Kn$　　C. $D = Kn\cos\alpha$　　D. $D = Kn\cos^2\alpha$

15. 在测量学科中，距离测量的常用方法有钢尺量距、电磁波测距和(　　)测距。

A. 视距法　　B. 经纬仪法　　C. 水准仪法　　D. 罗盘仪法

16. 当视线水平进行视距测量时，仪器高为 1.532 m，中丝读数为 1.422 m，则 A、B 两点间的高差为(　　)。

A. -0.11 m　　B. 0.11 m　　C. 1.422 m　　D. 1.532 m

17. 用经纬仪进行 A、B 两点的视距测量，仪器高为 1.456 m、下丝读数为 1.591、上丝读数为 1.097、中丝 1.384、竖盘读数为 90°，则 A、B 两点的高差(　　)。

A. 0.072 m　　B. 0.494 m　　C. 0.72 m　　D. -0.072 m

18. 用经纬仪进行 A、B 两点的视距测量，当视线水平时下丝读数为 1.571、上丝读数为 1.197、中丝 1.384，则 A、B 两点的水平距离为(　　)。

A. 11.97 m　　B. 13.84 m　　C. 37.4 m　　D. 3.74 m

19. 已知测站点 A 的高程为 140.0 m，仪器高 1.5 m，观测碎部点 B 测得其垂直角为 0°，中丝读数为 2.0 m，则碎部点 B 的高程等于(　　)。

A. 140 m　　B. 143.5 m　　C. 140.5 m　　D. 139.5 m

20. 当视线倾斜进行视距测量时，水平距离的计算公式是(　　)。

A. $C = Kn\cos 2\alpha$　　B. $C = Kn$　　C. $C = Kn\cos\alpha$　　D. $C = Kn\cos^2\alpha$

21. 视距测量时，经纬仪置于高程为162.382 m的A点，仪器高为1.40 m，上、中、下三丝读得立于B点的尺读数分别为1.019 m、1.400 m和1.781 m，求得垂直角 $\alpha = -3°12'10''$，则A、B的水平距离和B点高程分别为(　　)。

A. 75.962 m，158.131 m　　B. 75.962 m，166.633 m

C. 76.081 m，158.125 m　　D. 76.081 m，166.639 m

22. 经纬仪视距测量，不能测定两点间的(　　)。

A. 高差　　B. 平距　　C. 斜距　　D. 水平角

23. 用视距测量方法进行倾斜距离测量时需要读取上下丝读数和(　　)。

A. 水平角　　B. 垂直角　　C. 方位角　　D. 中丝读数

24. 用经纬仪进行视距测量，已知 $K = 100$，视距间隔为0.25，垂直角为 $+2°45'$，则水平距离的值为(　　)。

A. 24.77 m　　B. 24.94 m　　C. 25.00 m　　D. 25.06 m

25. 电磁波测距的基本原理是：(　　)(说明：c 为光速，t 为时间差，D 为空间距离)。

A. $D = ct$　　B. $D = 1/2ct$　　C. $D = 1/4ct$　　D. $D = 2ct$

26. 有两种测距仪A、B的标称精度分别为 $\pm(3\ \mathrm{mm} + 2\times10^{-6}\times C)$ 和 $\pm(5\ \mathrm{mm} + 1\times10^{-6}\times C)$，用这两种仪器测2.5 km的距离时，下列说法正确的是(　　)。

A. 仪器A的测距精度较高　　B. 仪器B的测距精度较高

C. 仪器A的测距中误差较小　　D. 两台仪器的测距精度相同

27. 在测距仪及全站仪的仪器说明上的标称精度，常写成 $\pm(A + B\times D)$，其中，B 称为(　　)。

A. 固定误差　　B. 固定误差系数　　C. 比例误差　　D. 比例误差系数

28. 用测距精度为 $3 + 2\times10^{-6}$ 的全站仪测得A、B两点的水平距离是1 km，其精度为(　　)。

A. 2 mm　　B. 3 mm　　C. 4 mm　　D. 5 mm

29. 全站仪测量距离需要进行(　　)设置。

A. 测站坐标　　B. 棱镜常数　　C. 后视方向　　D. 存储设置

30. 全站仪的测距指标为 $A + B\times10^{-6}\times C$，$A$ 的含义是(　　)。

A. 固定误差　　B. 比例误差　　C. 中误差　　D. 极限误差

31. 采用相位法测距的电磁波测距仪，其测距精度最高。某测距仪的标称精度为 $\pm(3 + 3\times10^{-6})$ mm，用该仪器测得500 m距离，如不考虑其他因素影响，则产生的测距中误差为(　　)mm。

A. ±18　　B. ±3　　C. ±4.5　　D. ±6

32. 用全站仪进行距离或坐标测量前，需设置正确的大气改正数，设置的方法可以是直接输入测量时的气温和(　　)。

A. 气压　　B. 湿度　　C. 海拔　　D. 风力

33. 直线定线的目的是(　　)。

A. 确定直线的方向　　B. 将分段点标定在直线方向上
C. 方便于距离丈量　　D. 提高距离丈量的精度

二、多选题

1. 在测量学科中,距离测量的常用方法有(　　)测距。
A. 视距法　　B. 钢尺量距　　C. 水准仪法　　D. 电磁波测距
2. 直线定线的方法有(　　)。
A. 目视法　　B. 经纬仪法　　C. 水准仪法　　D. 全站仪法
3. 钢尺量距的基本步骤是(　　)。
A. 直线定向　　B. 直线定线　　C. 距离丈量　　D. 成果计算
4. 用钢尺进行直线丈量,应(　　)。
A. 尺身放平　　B. 确定好直线的坐标方位角
C. 丈量水平距离　　D. 目估或用经纬仪定线
E. 进行往返丈量
5. 精密量距的三项改正包括(　　)。
A. 尺长改正　　B. 温度改正　　C. 倾斜改正　　D. 相位改正
6. 用平量法丈量距离的基本要求是(　　)。
A. 尺子要拉平　　B. 标杆要立直
C. 对点投点和读数要准确　　D. 分段丈量
E. 定线要直
7. 下列关于钢尺精密量距的说法中正确的有(　　)。
A. 钢尺精密量距时应采用经纬仪定线
B. 用视距法测量水平距离和高差时,需要用经纬仪观测的数据是仪器高
C. 钢尺精密量距时可采用目估的方法
D. 精密量距时对丈量结果应进行尺长、温度和倾斜三项改正
E. 精密量距宜在阴天进行
8. 影响钢尺量距精度的因素很多,下列(　　)是产生误差的来源。
A. 尺长误差　　B. 温度误差　　C. 拉力误差
D. 钢尺倾斜误差　　E. 定线误差　　F. 丈量误差
9. 精密量距时对丈量结果应进行(　　)改正。
A. 尺长　　B. 温度　　C. 倾斜　　D. 高程

10. 某钢尺的尺长方程为 $l_t = 30 + 0.004 + 1.2 \times 10^{-5} \times 30 \times (t - 20)$ m,用这根钢尺在 18.3 ℃时丈量一段距离长度为 62.342 m,两点间的高差为 0.562。下列结果正确的有(　　)。
A. 尺长改正值为 0.008 m　　B. 温度改正值为 −0.001 m
C. 倾斜改正值为 0.003 m　　D. 倾斜改正值为 −0.003 m
E. 尺长改正值为 −0.008 m
11. 距离测量中属于系统误差的是(　　)。
A. 尺长误差　　B. 读数误差

C. 标尺不竖直误差　　D. 温度误差

12. 精密钢尺量距中,所进行的倾斜改正值说法不正确的是(　　)。

A. 总是负值　　B. 不会出现负值

C. 不会出现零值　　D. 可能会出现正值、负值和零值

13. 用钢尺进行精密基线距离丈量中应该加入(　　)。

A. 钢尺尺长改正　　B. 温度改正　　C. 气压改正　　D. 倾斜改正

14. 视距测量可同时测定两点间的(　　)。

A. 高差　　B. 斜距　　C. 平距

D. 垂直角　　E. 水平角

15. 用经纬仪视距法测量地面两点之间的水平距离,一般需要观测的数据有(　　)。

A. 上丝读数　　B. 中丝读数　　C. 下丝读数　　D. 竖盘读数

16. 在地面点 A 点安置经纬仪,望远镜照准 B 点标尺,中丝、下丝、上丝读数分别为 $v=1.400$ m、$b=1.242$ m、$a=1.558$ m,垂直角观测 $\alpha=-3°27'$,仪器高为 1.400 m,则 A、B 两点间的水平距离与高差为(　　)。

A. $D=31.49$ m　　B. $h=-2.06$ m　　C. $D=0.11$ m

D. $h=-1.74$ m　　E. $h=-1.90$ m

17. 在进行视距测量时,产生误差的原因可能有(　　)。

A. 读数误差　　B. 标尺不竖直误差

C. 标尺分划误差　　D. 视距常数误差

E. 外界条件的影响

18. 光电测距成果的改正计算有(　　)。

A. 加、乘常数改正计算　　B. 气象改正计算

C. 倾斜改正计算　　D. 三轴关系改正计算

E. 测程的检定与改正计算

19. 用全站仪进行距离或坐标测量前,下列哪些是需设置的内容(　　)。

A. 海拔　　B. 气压　　C. 温度

D. 气象　　E. 棱镜常数

20. 在测量学科中,距离测量的常用方法有(　　)。

A. 视距法测距　　B. 钢尺量距　　C. 水准仪法　　D. 电磁波测距

21. 全站仪的主要技术指标有(　　)。

A. 最大测程　　B. 测距标称精度　　C. 测角精度

D. 放大倍率　　E. 自动化和信息化程度

22. 光电测距仪的品类分为(　　)。

A. 按测程分为短、中、远程测距仪　　B. 按精度分为Ⅰ、Ⅱ、Ⅲ级测距仪

C. 按光源分为可见光源、红外光源、激光光源三类测距仪

D. 按测定电磁波传播时间 t 的方法分为脉冲法和相位法两种测距仪

E. 不分品类

23. 全站仪除能自动测距、测角外,还能快速完成一个测站所需完成的工作,包括(　　)。

A. 计算平距、高差　　B. 计算三维坐标

C. 按水平角和距离进行放样测量

D. 按坐标进行放样

E. 将任一方向的水平角置为0°00′00″

24. 全站仪由(　　)组成。

A. 光电测距仪　　B. 电子经纬仪

C. 电脑数据处理系统　　D. 高精度的光学经纬仪

三、判断题

1. 钢尺精密量距时需要进行温度测定。(　　)
2. 在钢尺量距中,为了校核和提高丈量结果的精度,一般需要进行往返丈量。(　　)
3. 在钢尺量距中,钢尺的量距误差与所量距离的长短无关。(　　)
4. 普通钢尺量距时可以用目估法进行直线定线。(　　)
5. 直线定线的目的就是确定直线的方向。(　　)
6. 直线定线误差,会使丈量距离增大。(　　)
7. 钢尺量距时,如定线不准,则所量结果总是偏大。(　　)
8. 进行精密钢尺量距时用水准仪进行直线定线。(　　)
9. 某段距离丈量的平均值为100 m,其往返较差为+4 mm,其相对误差为1/2 500。(　　)
10. 对一距离进行4次观测,求得其平均值为126.876 m,观测值中误差为±12 mm,则平均值的相对中误差是1/21 146。(　　)
11. 通过三项改正数后的距离还存在着误差。(　　)
12. 甲、乙两组分别对A、B两点,C、D两点进行距离丈量,甲组对A、B两点的往测是99.93 m,返测是100.02 m,乙组对C、D两点的往测是150.01 m,返测是149.92 m,由于甲、乙两组往返测的差值相同,所以他们的精度是一样的。(　　)
13. 视线水平时计算距离的公式是:$D=1/2Kl\sin\alpha$。(　　)
14. 视距测量视线水平时,测定的地面两点高差等于仪器高减中丝读数。(　　)
15. 视线倾斜时的距离计算公式是$D=Kl$。(　　)
16. 测距精度为$3+2\times10^{-6}$的全站仪测量0.5 km精度为3 mm。(　　)
17. 棱镜常数只和棱镜本身有关,与何种全站仪无关。(　　)

四、简答与计算题

1. 某钢尺的尺长方程式为$l_t=30-0.005+1.25\times10^{-5}\times30\times(t-20)$m,今用此钢尺按标准拉力在$t=12$ ℃时量得A、B的斜长为126.174 m,A、B两点间的高差为0.6 m,A、B两点间的实际水平距离是多少?

2. 在测站 A 进行视距测量，仪器高 $i = 1.45$ m，望远镜盘左照准 B 点标尺，中丝读数 $v = 2.56$ m，视距间隔为 $l = 0.586$ m，竖盘读数 $L = 93°28'$，求水平距离 D 及高差 h。

3. 简述全站仪的基本功能和测角、测距时的基本使用方法。

项目六　三角高程测量

一、单选题

1. 电磁波四等三角高程测量应起止于不低于(　　)水准的高程点上。

A. 三等　　B. 四等　　C. 五等　　D. 没有规定等级

2. 三角高程测量必须量取仪器高和觇标高，观测前后仪器高和觇标高各需要丈量(　　)次，尺子读数读至毫米，较差不应大于(　　)。

A. 2、2　　B. 1、2　　C. 2、1　　D. 2、4

3. 三角高程测量的最佳观测时间是(　　)。

A. 日落前后　　B. 日出前后　　C. 中午前后　　D. 全天候

4. 三角高程测量，垂直角是(　　)得到的。

A. 直接从竖直度盘读出　　B. 直接从水平度盘读出的

C. 由竖盘读数计算出的　　D. 设计方给出的

5. 三角高程测量适宜于(　　)地区。

A. 平坦地区　　B. 受地形限制地区

C. 密集建筑区　　D. 所有

6. 在三角高程测量中，对向观测(直反觇观测)是为了消除(　　)影响。

A. 大气遮光差　　B. 地球曲率的影响

C. A、B 都对　　D. 竖直轴与横轴不垂直误差

7. 独立交会三角高程测量一般(　　)进行。

A. 单独　　B. 随测定图根点平面位置

C. 随测碎部点　　D. 随水准测量

8. 独立交会高程测量通常采用由(　　)个已知高程点单觇测定。

A. 1　　B. 0　　C. 4　　D. 3

9. 独立交会三角高程测量的高程点,(　　)再发展。

A. 不可以作为起算点　　B. 可以作为起算点

C. 可以作为起算点多次　　D. 可以作为起算点 2 次

10. 下列(　　)选项不影响三角高程测量的精度。

A. 边长误差　　B. 水平折光误差　　C. 垂直折光误差　　D. 垂直角误差

11. 某三角高程导线测量,测得某条边的直觇高差为 +15.35,反觇测得的高差为 -15.32,其高差中数为(　　)m。

A. +0.02　　B. +15.34　　C. -15.34　　D. -0.02

12. 测量规范规定,当三角高程中边长大于(　　)m 时,要考虑地球曲率和大气垂直折光的影响。

A. 150　　B. 200　　C. 300　　D. 400

13. 某三角高程导线测量中,直觇测得的竖直度盘读数为 87°46′35″;反觇测得的垂直角为 -2°01′42″,那么直觇观测的垂直角和反觇观测的竖直度盘读数为(　　)。

A. +2°13′25″,92°01′42″　　B. 87°46′35″,87°58′18″

C. +2°13′25″,87°58′18″　　D. +2°13′25″, -2°01′42″

14. 在三角高程导线测量中,采用三联脚架法是为了消除或减弱(　　)因素的影响。

A. 水平度盘偏心　　B. 竖直度盘指标差　　C. 地球曲率　　D. 对中

15. 竖直度盘指标差是影响三角高程测量的主要因素之一,现测得某目标的竖盘的盘左盘右读数为 87°46′36″和 272°13′30″,该仪器的指标差为(　　)。

A. +3″　　B. -3″　　C. +6″　　D. -6″

16. 影响三角高程测量精度的因素很多,(　　)不在影响之列。

A. 竖直度盘指标差　　B. 竖直度盘偏心差

C. 目标照准差　　D. 水平度盘偏心差

17. 选择最合理的观测时间段进行三角高程测量,主要是为了减弱(　　)因素的影响。

A. 地球曲率　　B. 竖直度盘指标差　　C. 目标偏心差　　D. 大气遮光

二、多选题

1. 在三角高程测量中,需要现场测量(　　)数据。

A. 仪器高　　B. 觇标高　　C. 竖盘读数　　D. 大气遮光系数

E. 地球曲率

2. 高程测量的方法有(　　)。

A. 水准测量　　B. 三角高程测量　　C. GPS 高程测量　　D. 气压高程测量

E. 平面三角测量

3. 独立交会三角高程测量的方法有(　　)。

A. 前方交会法　　B. 侧方交会法　　C. 后方交会法　　D. 平面单三角形法

E. 平面导线法

4. 所谓三角高程导线测量就是在平面控制测量的基础上,将待求高程点构成导线的形式符合或闭合于(　　)上,从而求得待定点的高程。

A. 1 个已知高程点　　B. 2 个已知高程点

C. 1 个已知平面坐标点　　D. 2 个平面已知坐标点
E. 3 个已知平面坐标点

5. 在三角高程测量中,采用对向观测主要是消除或减弱(　　)因素的影响。
A. 对中整平　　B. 水平度盘偏心、目标偏心
C. 大气折光　　D. 地球曲率
E. 竖盘指标差

6. 影响三角高程测量精度的因素有(　　)。
A. 测角误差　　B. 边长误差　　C. 大气折光
D. 仪器高和目标高测定误差　　E. 水平度盘偏心差

三、判断题

1. 三角高程测量是高程测量中最精确的一种方法。(　　)
2. 在三角高程测量中,无论什么天气都必须考虑大气遮光和地球曲率的影响。(　　)
3. 独立交会三角高程测量用于测绘地形点高程。(　　)
4. 三角高程导线相邻两点的垂直角需要对向观测。(　　)
5. 在三角高程测量中直觇观测与反觇观测的垂直角相等,正如水准测量的往返测高差大小相等符号相反一样。(　　)
6. 三角高程测量一般选择在中午前后观测,主要考虑的因素是大气折光系数非常稳定。(　　)
7. 在三角高程测量中,采用中间觇法观测时,可有效减弱大气折光对高差的影响;同样直反觇观测时,也可以减弱大气折光对高差的影响。(　　)
8. 三角高程测量为了消除地球曲率和大气折光对高差的影响,每条边要进行对向观测。(　　)
9. 三角高程路线可以布设成闭合路线,也可以布设成附合路线。(　　)
10. 三角高程测量中,地球曲率和大气折光产生的综合影响称为球气差。(　　)
11. 三角高程测量中,仪器架设在未知点,观测该点与已知点之间的高差称为直觇。(　　)

四、简答与计算题

1. 写出三角高程测量高差计算的基本公式和直反觇高程计算的公式。

2. 简述三角高程测量高程计算的步骤。

3. 简述如何处理地球曲率与大气折光对三角高程的影响。它们对高差会产生什么影响？

4. 如图 3-5 所示，已知水准点 A 的高程为 180.56 m，水准点 B 的高程为 179.72 m，点 P_1、P_2 为待定高程点，通过布设附合三角高程路线，采用三角高程直觇和反觇的方法观测各段高差，具体观测量如表 3-9 所示，试计算 h_{AP_1}、$h_{P_1P_2}$ 和 h_{P_2B} 及 P_1、P_2 点的高程，完成表 3-10。

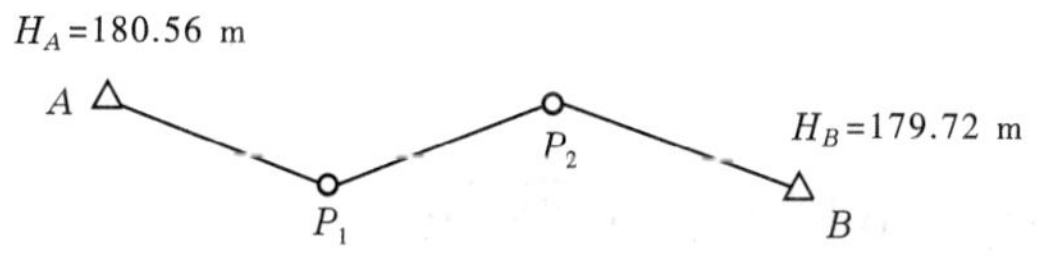

图 3-5　附合三角高程路线观测略图

表 3-9　三角高程测量计算表格

测站点	A	P_1	P_1	P_2	P_2	B
觇点	P_1	A	P_2	P_1	B	P_2
觇法	直觇	反觇	直觇	反觇	直觇	反觇
平距 D	974.27	974.27	564.40	564.40	842.20	842.20
垂直角 α	1°06′35″	−1°03′20″	2°26′50″	−2°21′06″	−2°50′15″	2°48′20″
仪器高 i	1.49	1.52	1.50	1.52	1.58	1.50
目标高 v	2.00	2.00	2.00	2.00	2.00	2.00
两差改正 f	0.06	0.06	0.02	0.02	0.05	0.05
单向高差						
平均高差						

表 3-10　附合三角高程路线内业计算表

点号	L(km)	h(m)	v(mm)	h+v(m)	H(m)
A					
P_1					
P_2					
B					
合计					

项目七　直线定向与坐标测量

一、单选题

1. 坐标方位角是以(　　)为标准方向,顺时针转到测线的夹角。
   A. 真子午线方向　B. 磁子午线方向　C. 坐标纵轴方向　D. 地磁方向
2. 以下说法正确的是(　　)。
   A. 直线定向只能用坐标方位角来表示
   B. 直线定向是确定直线与另外某直线间的水平夹角
   C. 直线定向即是确定直线的方位角
   D. 以上都不正确
3. 确定一条直线与标准方向的角度关系称为(　　)。
   A. 直线定向　B. 直线定线　C. 角度测量　D. 视距测量
4. 能测定直线磁方位角的仪器是(　　)。
   A. 经纬仪　B. 全站仪　C. 陀螺仪　D. 罗盘仪
5. 已知直线 AB 的坐标方位角 $\alpha_{AB}=60°$,则直线 AB 的象限角 R_{AB}(　　)。
   A. 北西 60°　B. 南西 60°　C. 南东 60°　D. 北东 60°
6. 以中央子午北端作为基本方向顺时针方向量至直线的夹角称为(　　)。
   A. 真方位角　B. 子午线收敛角　C. 磁方向角　D. 坐标方位角
7. 坐标北方向和磁北方向的夹角叫(　　)。
   A. 子午线收敛角　B. 磁偏角　C. 磁坐标偏角　D. 真磁偏角
8. 确定直线的方向,一般有磁方位角、坐标方位角和(　　)。

A. 水平角　B. 垂直角　C. 真方位角　D. 象限角

9. 坐标北方向和真北方向的夹角叫(　　)。

A. 子午线收敛角　B. 磁偏角　C. 磁坐标偏角　D. 真磁偏角

10. 直线的坐标方位角 α 和象限角 R 的关系描述不正确的是(　　)。

A. 在第一象限时:$\alpha = R$　B. 在第二象限时:$R = \alpha + 180°$

C. 在第三象限时:$R = \alpha - 180°$　D. 在第四象限时:$R = 360° - \alpha$

11. 真北方向和磁北方向的夹角叫(　　)。

A. 子午线收敛角　B. 磁偏角　C. 磁坐标偏角　D. 真磁偏角

12. 一条直线的象限为南东 56°34′,则该直线的方位角为(　　)。

A. 56°34′　B. 236°34′　C. 123°26′　D. 303°26′

13. 下列(　　)不是直线定向的标准方向。

A. 坐标纵轴方向　B. 真子午线方向　C. 磁子午线方向　D. 直线方向

14. 方位角的角值范围为(　　)。

A. 0° ~90°　B. 0° ~180°　C. 90° ~180°　D. 0° ~360°

15. 直线定向中,常用的标准方向有(　　)。

①真子午线方向;②y 轴方向;③磁子午线方向;④指南方向;⑤重力方向;⑥中央子午线方向

A. ①②④　B. ①③④　C. ①③⑥　D. ②④⑥

16. 一条直线上,相邻同向点的坐标方位角都相等,但相邻同向点的真方位角、磁方位角(　　),因为通过两个同向点的真子午线、磁子午线互相不平行。

A. 不相等　B. 不一定相等　C. 相等　D. 相差 180°

17. 地面上有 A、B、C 三点,已知 AB 边的坐标方位角为 35°23′,在 B 点测得右夹角 $\angle ABC = 89°34'$,则 BC 边的坐标方位角(　　)。

A. 125°49′　B. 304°57′　C. −54°11′　D. 305°49′

18. 已知 AB 的坐标方位角为 197°15′27″,$\angle ABC$ 为 90°29′25″(左角),则 BC 的坐标方位角为(　　)。

A. 107°44′52″　B. 127°44′52″　C. 287°44′52″　D. 87°16′08″

19. 已知直线 AB 的坐标方位角为 186°,则直线 BA 的坐标方位角为(　　)。

A. 96°　B. 276°　C. 6°　D. 276°

20. 以下关于坐标方位角的说法正确的是 (　　)。

A. 直线与坐标纵轴所夹的角度

B. 以坐标北方向为起始方向顺时针旋转到直线的角度

C. 以真北方向为起始方向逆时针旋转到直线的角度

D. 以磁北方向为起始方向顺时针旋转到直线的角度

21. 由坐标纵轴的北端起________量测到某直线的夹角,称为该直线的________。答案是(　　)

①顺时针;　②逆时针;　③坐标方位角;　④方位角

A. ①,④　B. ①,③　C. ②,④　D. ②,③

22. 已知 $\alpha_{AB} = 65°$,$\angle ABC = 188°$(左角),$\angle BCD = 35°$(左角),则各边的坐标方位角正

确的是(　　)。

A. α_{BC} = 73°　　B. α_{CD} = 217°　　C. α_{BC} = 373°　　D. α_{CD} = 229°

23. 直线 *AB* 的坐标方位角为 190°18′52″，∠*ABC* 的值为 308°07′44″(右角)，则 *BC* 的坐标方位角为(　　)。

A. 62°11′08″　　B. −117°48′52″　　C. 242°11′08″　　D. −297°11′08″

24. 直线 *AB* 的坐标方位角为 265°39′42″，其反坐标方位角为(　　)。

A. 175°39′42″　　B. 79°15′24″　　C. 94°20′18″　　D. 85°39′42″

25. 已知一条支导线，*AB* 为已知边，*A* 到 *B* 的方位角是 145°，*B* 点的转折角为 150°，*C* 点的转折角为 165°(转折角为导线前进方向左角)，则(　　)。

A. *BA* 的方位角是 145°　　B. *BC* 的方位角是 115°

C. *CB* 的方位角是 115°　　D. *DC* 的方位角是 100°

26. 根据一个已知点的坐标、边的坐标方位角和两点之间的水平距离，计算另一个待定点坐标的计算称为(　　)。

A. 坐标反算　　B. 坐标推算　　C. 坐标正算　　D. 以上都不正确

27. 某直线段 *AB* 的坐标方位角为 230°，其直线 *BA* 坐标增量的正负号为(　　)。

A. 正，正　　B. 负，负　　C. 负，正　　D. 正，负

28. 已知 X_A = 300.00 m，Y_A = 300.00 m，*AB* 的坐标方位角为 87°39′24″，*AB* 的边长为 150.12 m，则 *B* 点坐标为(　　)。

A. 312.27 m，450.10 mm　　B. 306.14 m，449.99 m

C. 306.15 m，599.75 m　　D. 312.27 m，599.75 m

29. 设 *AB* 距离为 200.23 m，方位角为 121°23′36″，则 *AB* 的 *x* 坐标增量为(　　)m。

A. −170.919　　B. 170.919　　C. 104.302　　D. −104.302

30. 设 *A*、*B* 两点的坐标为 X_A = 5 000.00 m，Y_A = 3 000.00 m，X_B = 4 500.00 m，Y_B = 2 500.00 m，则 *AB* 直线的方位角 α_{AB} 为(　　)。

A. 45°00′00″　　B. 135°00′00″　　C. 225°00′00″　　D. 315°00′00″

31. 已知 X_A = 300.00 m，Y_A = 300.00 m，*AB* 的坐标方位角为 87°39′24″，*AB* 的边长为 150.12 m，则 *B* 点坐标为(　　)。

A. 312.27 m，450.10 m　　B. 306.14 m，449.99 m

C. 306.15 m，599.75 m　　D. 312.27 m，599.75 m

32. 已知 *AB* 两点的边长为 188.43 m，方位角为 146°07′06″，则 *AB* 的坐标增量为(　　)。

A. 105.176 m　　B. −156.433 m　　C. −105.176　　D. −156.345 m

33. 已知 *A* 点的坐标(123.631 m，330.215 m)，*AB* 的坐标方位角为 145°35′25″，*AB* 的水平距离为 130.265，则 *B* 点的坐标为(　　)。

A. *X* = 16.160 m，*Y* = 403.829 m　　B. *X* = 40.116 m，*Y* = 530.949 m

C. *X* = 209.146 m，*Y* = 428.481 m　　D. *X* = 210.146 m，*Y* = 231.949 m

34. 已知 *A* 点的坐标为(12 345.7，437.8)，*B* 点的坐标为(12 320.2，463.3)，则 *AB* 边的坐标方位角为(　　)。

A. 45°　　B. 315°　　C. 225°　　D. 135°

35. 已知 AB 两点的边长为 188.43 m，坐标方位角为 146°07′06″，则 AB 的 x 坐标增量为(　　)。

A. -156.433 m　B. 105.176 m　C. 105.176 m　D. -156.345 m

36. 已知 A 点的坐标为(100,200)，A 点到 B 点的水平距离为 100 m，方位角为 225°，则 B 点的 x、y 坐标为(　　)。

A. 29.289,129.289　B. 129.289,29.289　C. 50,250　D. 250,50

37. 已知一直线的坐标增量 ΔX 为负，ΔY 为正，则该直线落在(　　)。

A. 第一象限　B. 第二象限　C. 第三象限　D. 第四象限

38. 已知 A、B 两点坐标为 A(100.00,100.00)，B(80.00,150.00)，待测设点 P 的坐标为(130.00,140.00)，则 AB、AP 边的夹角 $\angle BAP$ 为(　　)。

A. 164°55′53″　B. 58°40′17″　C. 58°40′43″　D. 164°56′03″

39. 已知一直线的坐标方位角是 150°23′37″，则该直线上的坐标增量符号是(　　)。

A. (+ , +)　B. (- , -)　C. (- , +)　D. (+ , -)

40. 已知 A 点、B 点的坐标为 A(100,200)、B(200,100)，则 B 点到 A 点的方位角为(　　)。

A. 45°　B. 135°　C. 225°　D. 315°

41. 已知 A 点的坐标为(2 346.235,1 456.547)，B 点的坐标为(2 346.235,1 297.287)，则直线 AB 的坐标方位角为(　　)。

A. 89°59′57″　B. 179°45′45″　C. 90°00′01″　D. 270°

42. 已知地面上 A、B 两点坐标分别为(200.12,213.25)，(212.56,100.33)，则直线 AB 的方位角为(　　)。

A. 276°17′12″　B. 263°42′48″　C. 96°17′12″　D. 83°42′48″

43. 某直线的坐标方位角是 215°，则其象限角为(　　)。

A. 215°　B. 35°　C. 南西 215°　D. 南东 35°

44. 已知 A 点坐标为(5 773.633,4 244.098)，B 边坐标为(6 190.469,4 193.614)，则 AB 边的坐标方位角和水平距离分别为(　　)。

A. 7°05′41″,419.909　B. 83°05′41″,419.909

C. 173°05′41″,419.909　D. 353°05′41″,419.882

45. 已知 A、B 两点的坐标为 A(500.00,835.50)，B(455.38,950.25)，则 AB 边的坐标方位角为(　　)。

A. 68°45′06″　B. -68°45′06″　C. 248°45′06″　D. 111°14′54″

46. 有直线 AB，A 点坐标为(167.45 ,349.73)，B 点坐标为(200.16 ,89.34)，则直线 AB 的象限角和坐标方位角分别为(　　)。

A. 82°50′24″,277°09′36″　B. 82°50′24″,262°50′24″

C. 7°09′36″, 352°50′24″　D. 7°09′36″, 187°09′36″

47. 直线与________所夹的________，称为象限角。答案是(　　)。

①纵坐标轴；②真子午线；③锐角；④钝角

A. ①,③　B. ①,④　C. ②,③　D. ②,④

48. 有直线 AB，A 点坐标为(167.45,349.73)，B 点坐标为(200.16 ,89.34)，则直线 AB

的象限角和坐标方位角分别为(　　)。

A. 82°50′24″,277°09′36″　　B. 82°50′24″,262°50′24″

C. 7°09′36″, 352°50′24″　　D. 7°09′36″, 187°09′36″

二、多选题

1. 直线定向是确定(　　)之间的角度关系。

A. 直线　B. 垂直角　C. 标准方向线　D. 中丝读数

E. 水平角

2. 确定直线的方向,一般用(　　)来表示。

A. 真子午线方向　B. 象限角　C. 水平角　D. 垂直角

E. 方位角

3. 以下属于直线的标准方向的有 (　　)。

A. 真北方向　B. 磁北方向　C. 坐标北方向　D. 坐标横轴方向

4. 若直线 AB 的坐标方位角与其真方位角相同时,则 A 点位于(　　)。

A. 赤道上　B. 中央子午线上　C. 高斯平面直角坐标系的纵轴上

D. 高斯投影带的边缘上　E. 中央子午线左侧

5. 在直线定向中有三种方位角,分别是真子午线方向、磁子午线方向、坐标纵轴方向,其中磁偏角用 δ 表示,子午线收敛角用 γ 表示。当磁北方向偏于真子午线方向东侧时(　　),坐标纵轴方向偏于真子午线方向西侧时(　　)。

A. δ 为正　B. δ 为负　C. γ 为正　D. γ 为负

E. γ 恒为负

6. 根据采用标准方向的不同,方位角通常包括(　　)。

A. 真方位角　B. 象限角　C. 磁方位角　D. 坐标方位角

7. 下列选项中(　　)说法不能确定唯一直线。

A. 方位角为 100°　　B. 磁方位角为 100°

C. 象限角为 100°　　D. 坐标方位角为 100°

8. 导线边 AB 的真方位角和其坐标方位角相同时,下面说法正确的是(　　)。

A. A、B 两点位于同一子午线上　　B. A、B 两点中央子午线右侧

C. A、B 两点中央子午线左侧　　D. A、B 两点位于中央子午线上

E. A、B 两点位于高斯平面直角坐标系的纵轴上

9. 坐标方位角的特性有(　　)。

A. 坐标方位角加上或减去 360°,所指方位不变

B. 坐标方位角加上或减去 360°,所指方位相反

C. 正反坐标方位角相差 180°

D. 正反坐标方位角相差 90°

10. 下列关于方位角之间的关系说法正确的是(　　)。

A. 方位角是指从直线起点的标准方向北端起,顺时针方向到直线的水平夹角

B. 过地面上某点的真子午线方向与坐标北方向常不重合,两者之间的夹角称为子午线偏角

C. 过地面上某点的磁子午线方向与坐标北方向常不重合，两者之间的夹角称为磁偏角

D. 过地面上某点的真子午线方向与磁子午线方向常不重合，两者之间的夹角称为磁偏角

E. 地面上各点的真北方向常不平行

11. 坐标正算是根据已知(　　)条件来计算未知点坐标的。

A. 坐标　B. 方位角　C. 边长　D. 高程

E. 水平角

12. 坐标反算是指已知两个已知点坐标，反算(　　)的计算。

A. 夹角　B. 方位角　C. 边长　D. 高程

E. 水平角

三、判断题

1. 已知 A、B、C、D 四点，AB 边的方位角为 $197°15'27''$，$\angle ABC = 90°29'25''$(左)，$\angle BCD = 106°16'32''$(左)，则 $\alpha_{CD} = 34°01'24''$。(　　)

2. 已知 A、B、C、D 四点，AB 边的方位角为 $89°12'01''$，$\angle ABC = 32°30'12''$(右)，$\angle BCD = 261°06'16''$(右)，则 $\alpha_{BC} = 236°41'49''$，$\alpha_{CD} = 335°35'33''$。(　　)

3. 已知 A、B、C、D 四点，AB 边的方位角为 $110°$，$\angle ABC = 120°$(左)，$\angle BCD = 100°$(右)，则 $\alpha_{BC} = 50°$，$\alpha_{CD} = 130°$。(　　)

4. 已知 AB 的坐标方位角为 $50°$，$\angle ABC$ 为 $234°50'$(左角)，则 BC 的坐标方位角为 $104°50'$。(　　)

5. A、B 点的坐标分别为 $X_A = 3\ 000$ m，$Y_A = 1\ 000$ m，$X_B = 2\ 000$ m，$Y_B = 2\ 000$ m，则 $\alpha_{AB} = 225°$。(　　)

6. 已知 A、B 两点的坐标值分别为 5 773.633 m，4 244.098 m，6 190.496 m，4 193.614 m，则 AB 的坐标方位角为 $353°05'41''$、水平距离为 419.909 m。(　　)

7. 在第三象限中，坐标方位角和象限角的关系是 $\alpha = 180° - R$。(　　)

8. 方位角的取值范围为 $-360° \sim 360°$。(　　)

9. 象限角的取值范围为 $-90° \sim 90°$。(　　)

10. 某直线的坐标方位角为 $121°23'36''$，则反坐标方位角为 $301°23'36''$。(　　)

11. 直线定向的标准北方向有真北方向、磁北方向和坐标北方向。(　　)

12. 在第Ⅱ象限，方位角的范围在 $90° \sim 180°$，其坐标增量 $\Delta x < 0$，$\Delta y > 0$。(　　)

13. 确定一条直线与标准方向之间所夹的水平角的工作称为直线定线。(　　)

14. 已知 A、B 两点的坐标为 $A(500.00, 835.50)$，$B(455.38, 950.25)$，AB 边的坐标方位角位于第Ⅱ象限。(　　)

15. 不同地点的坐标子午线方向相互平行，不同地点的真子午线方向也相互平行。(　　)

四、简答与计算题

1. 什么是方位角和象限角？并写出它们之间的关系式。

2. 什么是坐标正算？什么是坐标反算？分别写出它们的计算公式。

3. 如图 3-6，已知 AB 边的方位角为 110°，试计算 BC、CD 边的坐标方位角。

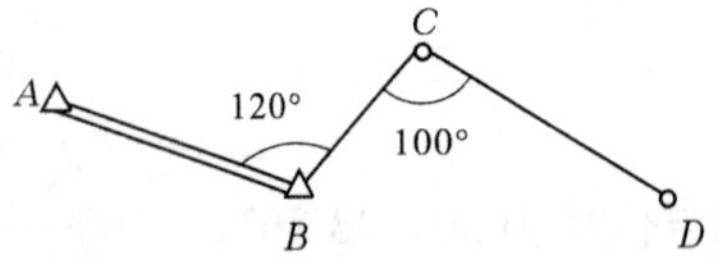

图 3-6 坐标方位角推算

4. 已知 A 点的坐标 $X_A = 441.29$ m，$Y_A = 443.20$ m；AB 两点的距离 $D_{AB} = 190.78$ m，AB 边的方位角为 158°40′24″，试计算 B 点的坐标（保留两位小数）。

5. 已知 A 点坐标为(5 773.633,4 244.098),B 点坐标为(6 190.496,4 193.614),则 AB 边的坐标方位角和水平距离分别是多少?

6. 全站仪坐标测量时的基本操作包括哪些内容?

7. A、B、C 三点的坐标列于表 3-11,试计算边长 AB、CD 的水平距离 D、象限角 R 和坐标方位角 α,计算结果填入表 3-11 中。

表 3-11

点名	X 坐标(m)	Y 坐标(m)	边长 AB	边长 AC
A	44 967.766	23 390.405	D_{AB} =	D_{AC} =
B	44 955.270	23 410.231	R_{AB} =	R_{AC} =
C	45 022.862	23 367.244	α_{AB} =	α_{AC} =

项目八　导线测量

一、单选题

1. 已知一条支导线，AB 为已知边，A 点到 B 点的方位角是 145°，B 点的转折角为 150°，C 点的转折角为 165°（转折角为导线前进方向左角），则（　　）。

A. BA 的方位角是 145°　　B. BC 的方位角是 115°

C. CB 的方位角是 115°　　D. DC 的方位角是 100°

2. 关于导线测量，说法正确的是（　　）。

A. 相邻导线点须通视，视线与障碍物保持一定距离

B. 高差测量是导线测量的一项工作内容

C. 距离测量可采用视距法测量

D. 原有控制点避免使用

3. 导线的布置形式有（　　）。

A. 一级导线、二级导线、图根导线　　B. 单向导线、往返导线、多边形导线

C. 闭合导线、附合导线、支导线　　D. 闭合导线、附合导线和支水准路线

4. 在新布设的平面控制网中，至少应已知（　　）才可确定控制网的方向。

A. 两条边的夹角　　B. 一条边的坐标方位角

C. 一条边的距离　　D. 一个点的平面坐标

5. 在测区内布置一条从一已知点出发，经过若干点后终止于另一已知点，并且两端与已知方向连接的导线是（　　）。

A. 闭合导线　　B. 附合导线　　C. 支导线　　D. 导线网

6. 首选（适合）采用导线测量做控制的区域是（　　）。

A. 城镇建筑密集区域　　B. 建筑物稀疏，障碍物较少区域

C. 面积较大区域　　D. 高低起伏较大区域

7. 下面关于控制网的叙述错误的是（　　）。

A. 国家控制网从高级到低级布设

B. 国家控制网分为平面控制网和高程控制网

C. 直接为测图为目的建立的控制网，称为图根控制网

D. 国家控制网按精度分为 A、B、C、D、E 级

8. 没有检核条件的导线布设形式是（　　）。

A. 闭合导线　　B. 附合导线　　C. 导线网　　D. 支导线

9. 在测区内布置一条从一已知点出发，经过若干点后回到该已知点的导线是（　　）。

A. 闭合导线　　B. 附合导线　　C. 导线网　　D. 支导线

10. 支导线指的是（　　）。

A. 起止于同一已知点，形成一多边形，并有一已知方向的单一导线

B. 起止于两个已知点，并且起点和终点各有一已知方向的单一导线

C. 从一个已知点和已知方向出发，既不附合到另一已知点，也不附合到起始已知点

的单一导线

D. 有多个已知点和已知方向,形成网状图形的导线

11. 附合导线水平角观测,一般应观测(　　)。

A. 内角　　B. 外角　　C. 左角　　D. 右角

12. 在图根导线中,评定导线精度好坏的主要指标是(　　)。

A. 导线角度闭合差f_β　　B. 导线全长闭合差f_s

C. 导线全长相对闭合差$f_s/\sum S$

13. 附合导线的转折角,一般用(　　)进行观测。

A. 测回法　　B. 方向观测法　　C. 三角高程法　　D. 二次仪器高法

14. 下列选项中,不属于导线坐标计算的步骤的是(　　)。

A. 角度闭合差计算　　B. 方位角推算

C. 半测回角值计算　　D. 坐标增量闭合差计算

15. 为了保证导线点精度和正确性,(　　)导线应进行左、右角观测。

A. 闭合　　B. 附合　　C. 支　　D. 一级

16. 导线测量的外业不包括(　　)。

A. 测量角度　　B. 选择点位　　C. 坐标计算　　D. 量边

17. 不影响导线测量精度的是(　　)。

A. 导线布设形式　　B. 仪器精度

C. 观测人员的作业习惯　　D. 外界条件

18. 下列测量工作,(　　)不属于导线测量的内容。

A. 选点埋石　　B. 水平角测量　　C. 水平距离测量　　D. 垂直角测量

19. 导线测量属于(　　)。

A. 高程控制测量　　B. 平面控制测量　　C. 碎部测量　　D. 施工测量

20. 闭合导线若按逆时针方向测量,则水平角测量一般观测(　　)角,即(　　)角。

A. 左、外　　B. 右、内　　C. 左、内　　D. 右、外

21. 导线测量中必须进行的外业测量工作是(　　)。

A. 测垂直角　　B. 测仪器高　　C. 测气压　　D. 测水平角

22. 在导线 ABC 中,BA、BC 的坐标方位角分别为 205°30′和 119°30′,则夹角∠ABC 为(　　)。

A. 86°　　B. 94°　　C. 274°　　D. −266°

23. 导线的坐标增量闭合差调整时,应使纵、横坐标增量改正数之和等于(　　)。

A. 纵、横坐标增值量闭合差,其符号相同

B. 导线全长闭合差,其符号相同

C. 纵、横坐标增量闭合差,其符号相反

D. 等于零

24. 导线坐标增量闭合差调整的方法是(　　)。

A. 将其反符号按角度大小分配

B. 将其反符号按边长成正比例分配

C. 将其反符号按角度数量分配

D. 将其反符号按边数分配

25. 导线计算中使用的距离应该是(　　)。

A. 任意距离均可　　B. 倾斜距离

C. 水平距离　　D. 大地水准面上的距离

26. 图根导线计算过程中 $f_x = +0.09$ m，路线长度为 392.90 m，则每米改正数为(　　)。

A. $-0.09/392.90$ m　　B. $+0.09/392.90$ m

C. $-392.90/0.09$ m　　D. $+392.90/0.09$ m

27. 导线内业计算时，发现角度闭合差符合要求，而坐标增量闭合差复算后仍然远远超限，则说明(　　)有误。

A. 边长测量　　B. 角度测算　　C. 连接测量　　D. 坐标计算

28. 导线全长相对闭合差指的是(　　)。

A. 坐标增量闭合差与导线全长的比值

B. 导线全长与导线全长闭合差的比值

C. 导线全长闭合差与导线全长的比值，写成分子为 1 的分数形式

D. 导线全长闭合差与导线全长的比值，写成百分数形式

29. 附合导线角度闭合差指的是(　　)之差。

A. 起始边方位角与终边方位角

B. 终边方位角与起始边方位角

C. 终边方位角推算值与终边方位角已知值

D. 终边方位角已知值与终边方位角推算值

30. 有一闭合导线，测量内角分别为 76°36′26″、106°32′18″、68°29′42″和 108°21′10″，则改正后各角度是(　　)。

A. 76°36′20″、106°32′20″、68°29′16″、108°21′04″

B. 76°36′34″、106°32′26″、68°29′48″、108°21′12″

C. 76°36′30″、106°32′24″、68°29′52″、108°21′14″

D. 76°36′32″、106°32′24″、68°29′48″、108°21′16″

31. 五边形闭合导线，其内角和理论值应为(　　)。

A. 360°　　B. 540°　　C. 720°　　D. 900°

32. 导线测量的左、右角之和为(　　)。

A. 90°　　B. 180°　　C. 270°　　D. 360°

33. 经纬仪导线指的是经纬仪测角，(　　)导线。

A. 测距仪测距　　B. 钢尺量距　　C. 视距法测距　　D. 皮尺量距

34. 衡量导线测量精度的指标是(　　)。

A. 坐标增量闭合差　　B. 导线全长闭合差

C. 导线全长相对闭合差　　D. 高差闭合差

35. 附合导线与闭合导线坐标计算的主要差异是(　　)的计算。

A. 角度闭合差与坐标增量闭合差　　B. 坐标方位角与角度闭合差

C. 坐标方位角与坐标增量　　D. 坐标增量与坐标增量闭合差

36. 实测四边形内角和为 359°59′24″，则角度闭合差及每个角的改正数为(　　)。

A. +36″、-9″　　B. -36″、+9″　　C. +36″、+9″　　D. -36″、-9″

37. 导线测量起算条件至少需要(　　)。

A. 一个已知点、一个已知方向和一条边长　　B. 两个已知方向

C. 两个已知点和两个已知方向　　D. 一个已知点

二、多选题

1. 平面控制网的建立过程包括(　　)。

A. 图上设计　　B. 选点埋石　　C. 野外观测　　D. 平差计算

2. 导线测量的作业流程包括：收集资料、(　　)。

A. 踏勘　　B. 图上设计　　C. 对中整平　　D. 实地选点、埋石

E. 观测与计算

3. 平面控制网的测量方法有(　　)。

A. 数据质量　　B. 点位质量　　C. 资料质量　　D. 计算质量

4. 平面控制网的成果质量包括(　　)。

A. 数据质量　　B. 点位质量　　C. 资料质量　　D. 埋石质量

5. 评价控制网的质量准则包括(　　)。

A. 精度　　B. 可靠性　　C. 灵敏度　　D. 经济性

6. 下列关于闭合导线测量的说法，正确的有(　　)。

A. 闭合导线有 3 个检核条件

B. 闭合导线角度闭合差调整采用按角的个数反符号平均分配

C. 衡量闭合导线精度采用导线全长相对闭合差

D. 闭合导线角度观测应测量内角

7. 查找个别测角错误做法正确的是(　　)。

A. 从起点向终点绘制草图，再从终点反向绘制草图，若其中一导线点接近，其余的错开，则此点测角错误

B. 正反向推算方位角比对，方位角相近的边，则此角有误

C. 从起点向终点根据角度和边长直接计算坐标增量，推算各点坐标，再从终点向起点同法推算各点坐标，同点坐标接近者，此点测角有误

D. 长短边夹角测角有误

8. 需进行改正数调整的闭合差有(　　)。

A. 角度闭合差　　B. 纵坐标增量闭合差

C. 横坐标增量闭合差　　D. 导线全长闭合差

9. 关于导线测量，说法正确的有(　　)。

A. 导线点位精度均匀　　B. 距离测量可采用视距法测量

C. 相邻点间的视线倾角不宜过大　　D. 导线布设灵活，受地形条件影响较小

10. 导线测量的成果包括(　　)。

A. 导线外业观测手簿　　B. 导线平差成果

C. 控制点点之记　　D. 水准测量外业手簿

11. 在测量内业计算中，其闭合差按反号分配的有(　　)。
A. 高差闭合差　　B. 闭合导线角度闭合差
C. 附合导线角度闭合差　　D. 坐标增量闭合差

12. 导线测量优点的是(　　)。
A. 布设灵活　　B. 受地形条件限制小
C. 点位精度均匀　　D. 边长直接测定，导线纵向精度均匀

13. 提高导线测量精度，做法正确的是(　　)。
A. 增加测角测回数　　B. 往返量距
C. 控制长短边，减小测角误差　　D. 增加多余观测

14. 关于支导线，做法正确的有(　　)。
A. 左右角观测，增加检核条件　　B. 距离往返测量，提高观测精度
C. 增加测角测回数，提供检核条件　　D. 半测回坐标测量确定点位坐标

15. 闭合导线和附合导线内业计算的不同点是(　　)。
A. 方位角推算方法不同　　B. 角度闭合差计算方法不同
C. 坐标增量闭合差计算方法不同　　D. 导线全长闭合差计算方法不同

三、判断题

1. 光电测距导线测量不需要相邻导线点通视。(　　)

2. 在工程测量中，一级导线的平均边长不应超过 1 km，导线相对闭合差≤1/15 000。(　　)

3. 导线测量时相邻边长比例不能小于1/3。(　　)

4. 单一导线测量布设的形式有闭合导线、附合导线和支导线三种。(　　)

5. 相邻导线点应互相通视良好，便于测量水平角和测量距离。(　　)

6. 导线点的横向误差主要是由水平角的观测误差引起的。(　　)

7. 闭合导线就是由一组已知高级控制点出发，经一系列导线点而终止于另一组的一个高级控制点。(　　)

8. 独立的导线测量外业工作主要有踏勘选点、埋设点标志、转折角测量、边长测量和起始方位角的测定。(　　)

9. 导线的起算数据至少应有起算点的坐标和起算边的方位角，观测数据应有水平距离和水平角，导线计算的目的是求出未知点的平面坐标。(　　)

10. 导线测量的外业工作包括踏勘选点、角度测量、边长测量以及导线定向。(　　)

11. 闭合导线的内角观测值的总和与其导线内角和的理论值之差称为角度闭合差。(　　)

12. 导线的角度闭合差不受起始边方位角误差的影响。(　　)

13. 附合导线坐标增量闭合差的理论值为零。(　　)

14. 导线角度闭合差的调整是以闭合差相反的符号平均分配到各观测角上。当出现余数时，将余数分配到短边相邻的角上。(　　)

15. 衡量导线测量精度的指标是导线全长闭合差。(　　)

16. 导线全长闭合差主要是测边误差引起的，一般来说，导线愈长，全长闭合差也愈大。 ( )

17. 闭合导线的内角观测值的总和与其导线内角和的理论值之差称为角度闭合差。 ( )

18. 在分配导线角度闭合差取至整秒时，出现的闭合差不足于平均时，将闭合差分配到短边相邻的角上。 ( )

19. 闭合导线坐标增量闭合差按反号平均分配原则分配给各个坐标增量。 ( )

四、简答与计算题

1. 简要说明布设测量控制网应遵循的原则。

2. 简述闭合导线与附合导线的检核条件。

3. 导线坐标计算的一般步骤是什么?

4. 某一附合导线的外业观测成果整理如表 3-12 所示,试计算导线点 1、2、3 的平面坐标。

表 3-12

点号	观测角值β(左)(° ′ ″)	坐标方位角(° ′ ″)	边长(m)	坐标增量(m)		改正后坐标增量(m)		坐标值(m)	
				ΔX	ΔY	ΔX′	ΔY′	X	Y
A									
		218 36 24							
B	63 47 26							865.44	946.07
			267.22						
1	140 36 06								
			103.76						
2	235 25 24								
			154.65						
3	100 17 57								
			178.43						
M	267 33 17							920.76	1 547.00
		126 17 49							
N									
合计									

5. 如图 3-7 所示闭合导线略图,外业观测数据如表 3-13 所示。

已知：X_{G01} = 8 426.052　Y_{G01} = 2 873.165　$\alpha_{G02 \to G01}$ = 77°47′46″，列表（见表 3-13、表 3-14）计算各图根导线点坐标。

表 3-13　闭合导线外业观测数据

测站	观测角	水平角（°　′　″）	距离（m）
G_{02}			
G_{01}	θ	216　43　39	
			127.651
N_1	β_1	160　34　36	
			209.778
N_2	β_2	75　31　12	
			106.848
N_3	β_3	117　11　33	
			205.176
N_4	β_4	102　30　42	
			123.684
G_{01}	β_5	84　10　57	
N_1			

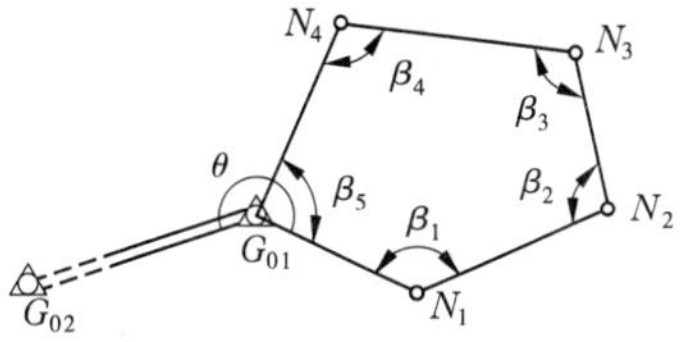

图 3-7　闭合导线略图

表 3-14　闭合导线内业计算

点号	观测角值 β(左)（°　′　″）	坐标方位角（°　′　″）	边长（m）	坐标增量（m）		改正后坐标增量（m）		坐标值（m）	
				ΔX	ΔY	ΔX′	ΔY′	X	Y

6. 如图 3-8 所示，为图根闭合导线的略图和每个转折角的观测数据，请完成表 3-15 测回法观测手簿计算，并完成图根闭合导线内业计算，计算出待定导线点的坐标，填写在表 3-16。

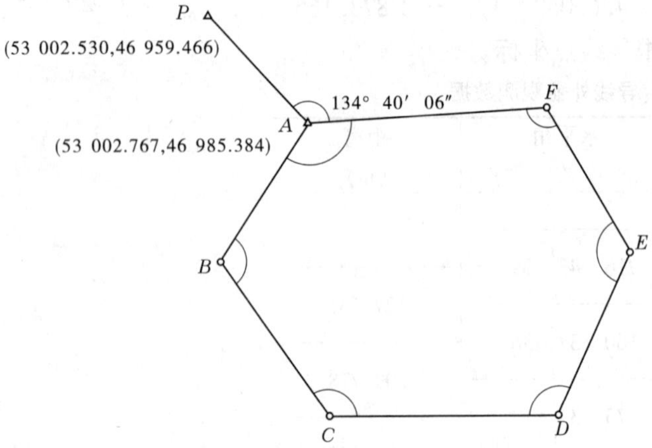

图 3-8　图根闭合导线示意图

表 3-15　测回法观测手簿

测点	测回	竖盘	目标	水平度盘读数 (° ′ ″)	半测回角值 (° ′ ″)	一测回角值 (° ′ ″)	各测回平均角值 (° ′ ″)	边长
A	1	左	F	0 10 00				
			B	96 56 00				边长名：AB
		右	B	276 57 27				边长：64.195 m
			F	180 11 29				边长：64.196 m
A	2	左	F	90 10 00				边长：64.197 m
			B	186 56 00				边长：64.196 m
		右	B	6 55 58				平均 = ______ m
			F	270 10 00				
B	1	左	A	0 10 00				
			C	169 11 04				边长名：BC
		右	C	349 11 06				边长：56.481 m
			A	180 09 47				边长：56.482 m
B	2	左	A	90 10 00				边长：56.481 m
			C	259 11 03				边长：56.480 m
		右	C	79 11 01				平均 = ______ m
			A	270 09 47				
C	1	左	B	0 10 00				
			D	95 28 57				边长名：CD
		右	D	275 28 54				边长：64.483 m
			B	180 10 05				边长：64.484 m
C	2	左	B	90 10 00				边长：64.484 m
			D	185 28 56				边长：64.485 m
		右	D	5 28 53				平均 = ______ m
			B	270 09 57				

续表 3-15

测点	测回	竖盘	目标	水平度盘读数 (° ′ ″)	半测回角值 (° ′ ″)	一测回角值 (° ′ ″)	各测回平均角值 (° ′ ″)	边长
D	1	左	*C*	0 10 00				
			E	95 20 18				
		右	*E*	275 20 14				边长名:DE
			C	180 10 16				边长:56.796 m 边长:56.796 m
D	2	左	*C*	90 10 00				边长:56.796 m
			E	185 20 01				边长:56.797 m 平均 =______ m
		右	*E*	5 19 51				
			C	270 09 52				
E	1	左	*D*	0 10 00				
			F	168 25 54				
		右	*F*	348 26 50				边长名:EF 边长:65.167 m
			D	180 11 22				边长:65.167 m
E	2	左	*D*	90 10 00				边长:65.167 m
			F	258 26 03				边长:65.166 m 平均 =______ m
		右	*F*	78 26 34				
			D	270 10 43				
F	1	左	*E*	0 10 00				
			A	95 37 21				
		右	*A*	275 37 21				边长名:FA 边长:61.073 m
			E	180 09 53				边长:61.074 m
F	2	左	*E*	90 10 00				边长:61.074 m
			A	185 37 22				边长:61.075 m 平均 =________ m
		右	*A*	5 37 18				
			E	270 10 12				

表 3-16　导线内业计算表格

点号	观测角值 (° ′ ″)	坐标方位角 (° ′ ″)	边长 (m)	坐标增量 (m)		改正后坐标增量 (m)		坐标值 (m)	
				ΔX	ΔY	ΔX′	ΔY′	X	Y
P								53 022.530	46 959.466
A								53 002.767	46 985.384
B									
C									
D									
E									
F									
A									
P									
Σ									

项目九　交会测量

一、单选题

1. 利用余切公式进行前方交会计算时，已知点应按(　　)编排。

A. 顺时针方向　　B. 逆时针方向　　C. 任意方向

2. 在河道测量时，由于无法在河中行驶的小船上架设仪器，只能利用岸边的一些已知点对河中船上的标志进行照准读数，这样的交会测量称为(　　)。

A. 侧方交会测量　　B. 前方交会测量　　C. 边长交会测量　　D. 后方交会测量

3. 在两个已知点上设站观测未知点的交会方法是(　　)。

A. 前方交会　　B. 后方交会　　C. 侧方交会　　D. 无法确定

4. 当待测点与控制点间不便量距,又无测距仪时,可用(　　)方法进行测量。

A. 角度前方交会测量　　B. 极坐标法测量

C. 边长交会测量　　D. 直角坐标法测量

5. 根据公式中出现的三角函数情况,前方交会用来计算未知点坐标的戎格公式也称为(　　)。

A. 余弦公式　　B. 正弦公式　　C. 余切公式　　D. 正切公式

6. 经纬仪交会法按其布设形式的不同,可分为(　　)交会、后方交会和前方交会。

A. 侧方交会测量　　B. 极坐标法测量

C. 边长交会测量　　D. 直角坐标法测量

7. 在一个已知点和一个未知点上分别设站,向另一个已知点进行观测的交会方法是(　　)。

A. 后方交会　　B. 前方交会　　C. 侧方交会　　D. 无法确定

8. 用侧方交会法测设点的平面位置所需的数据是(　　)。

A. 在两个已知点上观测的两个角度

B. 在一个已知点上观测的一个角度一个距离

C. 在一个已知点及一个待测点上观测的两个角度

D. 在一个待测点上架设仪器测得的两个角度

9. 危险圆出现在(　　)中。

A. 前方交会　　B. 后方交会

C. 侧方交会　　D. 任何一种交会定点

10. 下面关于经纬仪测角交会的说法错误的是(　　)。

A. 前方交会一般要求交会角在30°~90°

B. 危险圆是通过后方交会的三个已知点的圆

C. 如果后方交会的交会点位于危险圆上,则算不出结果

D. 前方交会中应用余切公式计算交会点坐标应保证已知点和未知点成逆时针排列

11. 在未知点上设站向三个已知点进行观测以确定未知点坐标的交会方法是(　　)。

A. 后方交会　　B. 前方交会　　C. 侧方交会　　D. 无法确定

12. 后方交会适用于以下哪种场合(　　)。

A. 有两个已知三角点且都可架设仪器

B. 三个点(两个已知点及一个待测点)间可以通视

C. 两个已知点可以架设仪器,待测点不方便架设仪器

D. 在一个待测点上可以架设仪器测得其与三个已知点之间的两个水平夹角

13. 利用天上的几颗卫星作已知控制点,利用GPS接收机作待测点(架设仪器点),进行单点定位坐标测量时,应用的属于以下哪种交会测量的方法(　　)。

A. 侧方交会测量　　B. 边长交会测量

C. 角度前方交会测量　　D. 后方交会测量

二、多选题

1. 为提高角度交会法的精度,测设时不合适的交会角度有(　　)。

A. 10°00′00″　B. 15°00′00″　C. 70°00′00″　D. 90°00′00″

E. 175°00′00

2. 以下哪种测量方式可以用于相邻控制点之间不通视的观测(　　)。

A. 侧方交会测量　B. 边长交会测量　C. 前方交会测量　D. 后方交会测量

三、判断题

1. 角度交会对交会角的大小一般不作要求。(　　)

2. 前方交会余切公式,两个已知点 AB 和待定点 P 按逆时针排列。(　　)

3. 前方交会中,根据测量规范规定,交会角一般不得大于150°或小于30°。(　　)

4. 侧方交会可以使用前方交会公式进行待定点坐标计算。(　　)

5. 侧方交会为避免出错,是通过增加一个三角形来进行检核的。(　　)

6. 后方交会中,要避开危险圆,使 $\alpha+\beta+C\neq160°\sim200°$,且交会角不能太大或太小,交会角应在 30°~150°。(　　)

7. 侧边交会就是在已知点设站,测定已知点到未知点之间的距离,来确定待定点坐标的方法。(　　)

8. 侧边交会是一种测量边长交会定点的控制方法。(　　)

9. 要避开危险圆,未知点尽量选在已知三角形外面。(　　)

10. 后方交会点不能布设在危险圆上或危险圆附近,一般规定 P 点离开危险圆的距离不得小于该圆半径的1/5。(　　)

11. 后方交会的四个点的限制条件是,四点必须共圆。(　　)

项目十　地形图测绘

一、单选题

1. 下面属于大比例尺的是(　　)。

A. 1∶100 万　B. 1∶50 万　C. 1∶25 万　D. 1∶5万

2. 地形测量的主要任务就是测绘满足军事需要、各行各业(　　)、工程建设和管理工作需要的系列化基本比例尺地形图。

A. 工程施工　B. 工程管理　C. 档案管理　D. 规划设计

3. 地形图的比例尺用分子为 1 的分数形式表示时(　　)。

A. 分母大,比例尺大,一幅图涉及的地面范围小,表示地形信息概括程度愈高

B. 分母小,比例尺小,一幅图涉及的地面范围小,表示地形细部信息愈多

C. 分母大,比例尺小,一幅图涉及的地面范围大,表示地形信息概括程度愈高

D. 分母小,比例尺大,一幅图涉及的地面范围大,表示地形细部信息愈多

4. 若知道某地形图上线段 AB 的长度是 7 cm,而该长度代表实地水平距离为 35 m,则该

地形图的比例尺为________，比例尺精度为________。答案是(　　)。

A. 1∶1 000　50 mm　　B. 1∶500　50 mm

C. 1∶5 000　500 mm　　D. 1∶500　500 mm

5. 地形测量中，若比例尺精度为 b，测图比例尺为 M，则比例尺精度与测图比例尺大小的关系为(　　)。

A. B 与 M 无关　　B. b 与 M 成正比　　C. b 与 M 成反比

6. (　　)地形图的比例尺精度为 0.1 m。

A. 1∶1 000　　B. 1∶2 000　　C. 1∶10 000　　D. 1∶500

7. 欲要求在图上反映出地面上 0.1 m 的变化量，则应选用不小于如下比例尺进行测量，正确的是(　　)。

A. 1∶500　　B. 1∶1 000　　C. 1∶2 000　　D. 1∶5 000

8. 下面是 1∶10 万地形图图号的是(　　)。

A. J50C002002　　B. J50D010002　　C. J50E004012　　D. J50F011008

9. 有一幅地形图，比例尺为 1∶1 000，西南角坐标 $X=4\ 000$，$Y=5\ 000$，则该图的编号为(　　)。

A. 4.0 - 5.0　　B. 40.0 - 50.0　　C. 4 - 5　　D. 40 - 50

10. 一幅 1∶100 万地形图可划分(　　)幅 1∶25 万地形图。

A. 4　　B. 16　　C. 64　　D. 256

11. 在图幅为 40 cm × 50 cm 图纸上绘制比例尺为 1∶500 的地形图，在图幅内，该图纸所绘的实地面积为(　　)。

A. 50 000 m^2　　B. 10 000 m^2　　C. 20 000 m^2　　D. 25 000 m^2

12. 比例尺为 1∶500 的地形图应采用(　　)分幅。

A. 矩形　　B. 梯形　　C. 圆形　　D. 任意形状

13. 大比例尺地形图上，坐标格网的方格大小是(　　)。

A. 50 cm × 50 cm　　B. 40 cm × 50 cm　　C. 40 cm × 40 cm　　D. 10 cm × 10 cm

14. 以下属于 1∶1万地形图图号的是(　　)。

A. G49E007008　　B. G49F048016　　C. G49G06002　　D. G49H001001

15. 我国基本比例尺地形图均以(　　)比例尺的地形图为基础，按规定的经差和纬差划分图幅。

A. 1∶100 000　　B. 1∶1 000 000　　C. 1∶500 000　　D. 1∶6 000 000

16. 图号是 E24C010001 地形图的比例尺的是(　　)。

A. 1∶50 万　　B. 1∶25 万　　C. 1∶10 万　　D. 1∶5万

17. 大比例尺地形图中，一般采用(　　)分幅。

A. 经纬线　　B. 梯形　　C. 矩形　　D. 圆形

18. 在东经 114°经线两侧的两平行圈间，有两幅 1∶10 000 的地形图，这两幅地形图的面积(　　)。

A. 不相等　　B. 西边面积大　　C. 相等　　D. 东边面积大

19. 工程建设中的大比例尺地形图一般采用(　　)分幅方式。

A. 经纬线　　B. 矩形　　C. 梯形　　D. 任意

20. 用 1∶1 000 比例尺测图,需绘制三幅 50 cm×50 cm 标准图,当改用 1∶500 比例尺测图时需绘制(　　)。

A. 3 幅图　　B. 6 幅图　　C. 12 幅图　　D. 24 幅图

21. 在地形图上的表示符号分为(　　)。

A. 比例符号、非比例符号、线形符号和地物注记

B. 地物符号和地貌符号

C. 计曲线、首曲线、间曲线,助曲线

22. 下列关于非比例符号定位点位置的描述错误的是(　　)。

A. 几何图形符号,定位点在符号图形中心

B. 底部为直角形符号,其符号定位点位于最右边顶点

C. 宽底符号,符号定位点在符号底部中心

D. 符号图形中有一个点,则该点即为定位点

23. 在地形图上,长度按测图比例尺而宽度不按比例尺表示的地物符号是(　　)。

A. 比例符号　　B. 非比例符号　　C. 半比例符号　　D. 注记符号

24. 地图的数学要素不包括(　　)。

A. 坐标网　　B. 比例尺　　C. 控制点　　D. 接图表

25. 下列地物在地形图上用非比例符号表示的是(　　)。

A. 耕地　　B. 路牌　　C. 管道　　D. 通信线

26. 地图注记通常分为名称注记和(　　)。

A. 数字注记　　B. 文字注记　　C. 说明注记　　D. 高程注记

27. 在地形图上,长度和宽度都不按测图比例尺表示的地物符号是(　　)。

A. 比例符号　　B. 非比例符号　　C. 半比例符号　　D. 注记符号

28. 在地形图上,长度和宽度都按测图比例尺表示的地物符号是(　　)。

A. 比例符号　　B. 非比例符号　　C. 半比例符号　　D. 注记符号

29. 地形图测绘中,图根点相对于基本控制点的高程中误差不应超过基本等高距的(　　)。

A. 1/3　　B. 1/5　　C. 1/7　　D. 1/10

30. 地形测量的对象是(　　),地形图表达的内容主要是地物、地貌等地理要素。

A. 地表的地物、地貌　　B. 地壳内部分布情况

C. 耕地　　D. 地表的自然资源

31. 采用数字测图方法,1∶1 000 比例尺测图,每平方千米图根点的数量不少于(　　)个。

A. 64　　B. 16　　C. 8　　D. 4

32. 采用数字测图方法,1∶2 000 比例尺测图,每平方千米图根点的个数不少于(　　)个。

A. 4　　B. 16　　C. 50　　D. 64

33. 测图平面控制网的精度要能满足 1∶500 比例尺地形图测图要求,四等以下(含四等)平面控制点最弱点的点位中误差不得超过图上 ±0.1 mm,即实地(　　),此值可作为平面控制网精度设计依据。

A. ±0.5 cm　　B. ±1 cm　　C. ±5 cm　　D. ±10 cm

34. 对于模拟法成图,1∶500 比例尺测图,每平方千米图根点数量不少于(　　)个。

A. 5　　B. 15　　C. 50　　D. 150

35. 地形图测绘中,图根点相对于基本控制点的点位中误差不应超过图上(　　)mm。

A. ±0.1　　B. ±0.2　　C. ±0.5　　D. ±1.0

36. (　　)指的是地面上具有明显轮廓的固定的人工的或者天然的物体。

A. 地物　　B. 地貌　　C. 地形　　D. 水系

37. 下列(　　)不属于地物。

A. 河流　　B. 消火栓　　C. 山顶的岗亭　　D. 停车场的汽车

38. 展绘控制点时,应在图上标明控制点的(　　)。

A. 点号和坐标　　B. 点号和高程　　C. 坐标和高程　　D. 高程和方向

39. 测图的准备工作不包括(　　)。

A. 仪器准备　　B. 展绘控制点　　C. 图纸准备　　D. 勾绘等高线

40. 山脊线又称为(　　),山谷线又称为(　　)。

A. 分界线、等高线　　B. 等高线、集水线

C. 分水线、集水线　　D. 分界线、集水线

41. 山脊和山谷的等高线相似,判别的方法为(　　)。

A. 以等高线的稀疏程度为标准判断　　B. 按凸向地性线的高低来判断

C. 以等高距为标准判断　　D. 以等高线平距为标准判断

42. 图上有相邻高程分别为 118、120、122、124、126、128、130、132 几条等高线,绘制等高线时(　　)等高线需要加粗。

A. 120、130　　B. 118、122、126、130

C. 120、124、128、132　　D. 随便哪几条都可以

43. 地形图上大部分的等高线是(　　)。

A. 计曲线　　B. 首曲线　　C. 间曲线　　D. 助曲线

44. 山头和洼地的等高线相似,判别的方法为(　　)。

A. 以等高线的稀疏程度为标准判断　　B. 以等高线高程注记为标准判断

C. 以等高距为标准判断　　D. 以等高线平距为标准判断

45. 为了保证测图的精度,在一般地区,图上(　　)左右应有一个高程点。

A. 1 cm　　B. 1.5 cm　　C. 2 cm　　D. 3 cm

46. 绘制坐标方格网的线粗要求小于(　　)。

A. 0.1 mm　　B. 0.2 mm　　C. 0.3 mm　　D. 0.4 mm

47. 在进行地形图测绘时,高程点一般按图上(　　)进行注记。

A. 1 ~ 2 cm　　B. 2 ~ 3 cm　　C. 3 ~ 4 cm　　D. 4 ~ 5 cm

48. 大比例尺数字地形图平面和高程精度的检查中,用钢尺或测距量测相邻地物点的距离,量取边数每幅图一般不少于(　　)处。

A. 8　　B. 10　　C. 15　　D. 20

49. 地形图数学精度的实地检测,一般每幅图选取(　　)个点,实地检测点位中误差和高程中误差。

A. 10 ~ 20　　B. 20 ~ 50　　C. 50 ~ 100　　D. 100 ~ 150

50. 对于地形图质量检验,其成果质量元素包括 5 个,以下(　　)不属于地形图成果质

量元素。

A. 埋石质量　B. 数据结构正确性　C. 整饰质量　D. 附件质量

51. 地形图拼接时,若发现地物偏差大于(　　)应补测或重测。

A. 1 mm　B. 2 mm　C. 5 mm　D. 0.5 mm

52. 坡度是(　　)。

A. 两点间的高差与其水平距离之比　B. 两点间的水平距离与其高差之比

C. 两点间的高差与其斜距之比　D. 两点间的斜距与其高差之比

53. 在比例尺为1∶2 000,等高距为2 m的地形图上,如果按照指定坡度 $i=5\%$,从坡脚 A 到坡顶 B 来选择路线,其通过相邻等高线时在图上的长度为(　　)。

A. 10 mm　B. 20 mm　C. 25 mm　D. 35 mm

54. 下列不属于地形图基本应用的内容是(　　)。

A. 确定某点的坐标　B. 确定某点的高程

C. 确定某直线的坐标方位角　D. 确定土地的权属

55. 某水库水位高程为100 m时,水库水面积为5万 m^2,水位高程为95 m时,水库水面积为3万 m^2,则该水库从高程95 m蓄水至高程100 m时,库容量增加(　　)。

A. 8万 m^3　B. 2万 m^3　C. 15万 m^3　D. 20万 m^3

56. 在1∶5 000地形图上,求得两点图上的长度为18 mm,高程 $H_A=418.3$ m,$H_B=416.5$ m,则 AB 直线的坡度 i_{AB} 如下,正确的是(　　)。

A. -2%　B. $+2\%$　C. $-2‰$　D. $+2‰$

57. 等高线中间低,四边高,表示(　　)。

A. 洼地　B. 山头　C. 鞍部　D. 峭壁

二、多选题

1. 比例尺可用(　　)表示。

A. 数字　B. 特殊符号　C. 图示　D. 颜色

2. 地形图的比例尺用分子为1的分数形式表示时,(　　)。

A. 分母大,比例尺小,一幅图涉及的地面范围小,表示地形信息概括程度愈高

B. 分母小,比例尺大,一幅图涉及的地面范围小,表示地形细部信息愈多

C. 分母大,比例尺小,一幅图涉及的地面范围大,表示地形信息概括程度愈高

D. 分母小,比例尺大,一幅图涉及的地面范围大,表示地形细部信息愈多

3. 随着比例尺的改变,一幅图所表示的地面大小会不同,即(　　)。

A. 比例尺分母大,一幅图涉及地面愈小

B. 比例尺分母小,一幅图涉及地面愈大

C. 比例尺分母大,一幅图涉及地面愈大

D. 比例尺分母小,一幅图涉及地面愈小

4. 比例尺精度的作用,(　　)。

A. 根据比例尺精度,可以在测绘地形图时确定出地面上量距应该准确到什么程度

B. 根据比例尺精度,可按图上要表示出的实地最小距离来确定采用多大的比例尺来测图

C. 根据比例尺精度,可以确定该怎么分幅

5. 大比例尺地表图常用(　　)。

A. 正方形分幅　　B. 矩形分幅　　C. 梯形分幅

6. 大比例尺测图中,常用的图幅为(　　)。

A. 50 cm×50 cm　　B. 40 cm×50 cm　　C. 40 cm×40 cm　　D. 10 cm×10 cm

7. 地图的内容主要由三要素组成:(　　)。

A. 数学要素　　B. 地理要素　　C. 辅助要素　　D. 图廓要素

8. 地形图测图,按照成图方式不同,可以分为(　　)。

A. 模拟法成图　　B. 平板仪成图　　C. 数字法成图　　D. 摄影成图

9. 测图时,对于地物,应该选择能反映地物(　　)的特征点作为碎部点。

A. 名称　　B. 形状　　C. 位置　　D. 重量

10. 根据地形倾角不同,地表地形一般分为(　　)类。

A. 平地　　B. 丘陵地　　C. 陡坡　　D. 山地

E. 高山地

11. 对于等高线特性,下列(　　)说法是正确的。

A. 同一条等高线上的高程相等　　B. 等高线是闭合曲线

C. 除悬崖外,不同高程的等高线不可相交　　D. 等高线与山脊、山谷线正交

12. 测图时,对于地貌,应该选择(　　)变化处的地貌特征点作为碎部点。

A. 农作物　　B. 植被　　C. 坡度　　D. 方向

13. 在测量地形图时,测量人员需要进行(　　)检查。

A. 已知点检查　　B. 归零检查　　C. 角度检查　　D. 重合点检查

14. 影响等高线平面位置的误差来源主要有(　　)。

A. 地形点位置的测定误差　　B. 等高线的概括误差

C. 等高线的勾绘误差　　D. 仪器的工具误差

15. 白纸测图中,影响地物测绘精度的误差来源有(　　)。

A. 方向误差　　B. 视距误差

C. 刺点误差　　D. 电磁波测距误差

16. 地貌测绘的误差来源主要有(　　)。

A. 立尺点选择不合适　　B. 视距测量误差

C. 大气垂直折光的影响　　D. 角度测量误差

17. 地形图的数学精度包括(　　)。

A. 数学基础　　B. 平面精度　　C. 高程精度　　D. 几何精度

18. 地形图成果质量元素有(　　)。

A. 数学精度　　B. 数据结构正确性　　C. 地理精度　　D. 整饰质量

E. 附件质量

三、判断题

1. 平面图既能表示出地物位置,也能表示出地表起伏形态。　　(　　)

2. 我们通常所指的地形是地物和地貌总称。　　(　　)

3. 地形图上 0.1 cm 所表示的实地距离称为比例尺精度。（　）
4. 测图比例尺越小，表示地表现状越详细。（　）
5. 衡量比例尺的大小是由比例尺的分母来决定，分母值越大，比例尺越小。（　）
6. 欲表示于图上的实地最短线段长度为 0.5 m，则应采用的比例尺不得小于 1/500。（　）
7. 地形图比例尺愈大，反映的地物、地貌愈简单。（　）
8. 测图比例尺愈大，图上表示的地物地貌愈详尽准确，精度愈高。（　）
9. 地形图的比例尺大，精度就越好；比例尺小，精度就越差。（　）
10. 绘制地形图时，地物符号分比例符号、非比例符号、线性比例符号和注记符号。（　）
11. 规定在任何地方进行地形图测绘时都必须使用统一的国家坐标系的坐标。（　）
12. 图根点的密度取决于测图比例尺的大小和地物、地貌的复杂程度。（　）
13. 高程控制测量的任务就是精确测定控制点(或水准点)的高程。（　）
14. 控制测量，是指在测区内选定若干起控制作用的点构成控制网，并精确测定这些控制点的平面位置和高程。（　）
15. 建立平面控制测量的方法主要有三角测量、导线测量和 GPS 测量。（　）
16. 直接为测图而建立的平面控制网称为图根平面控制网。（　）
17. 在面积小于 20 km^2 范围内建立的控制网，称为小地区控制网。（　）
18. 地物是指地表高低起伏的形态，它包括山地、丘陵与平原等。（　）
19. 测绘地形图时，对地物应选择角点立尺、对地貌应选择坡度变化点立尺。（　）
20. 测图前的准备工作主要有图纸的准备、坐标格网的绘制、展绘图廓点及控制点。（　）
21. 地形图中，山谷线为一组凸向高处的等高线。（　）
22. 地貌是指地面上天然或人工形成的物体，它包括湖泊、河流、海洋、房屋、道路、桥梁等。（　）
23. 如果等高线上设有高程注记，用示坡线表示，示波线从内圈指向外圈，说明由内向外为下坡，故为山头或山丘，反之，为洼地或盆地。（　）
24. 等高线与山脊线和山谷线倾斜相交。（　）
25. 地形图上典型地貌有山头与洼地、山脊与山谷、鞍部、陡崖与悬崖。（　）
26. 在地形图上区分山头或洼地的方法是：凡是内圈等高线的高程注记大于外圈者为洼地，小于外圈者为山头。（　）
27. 已知某一点 A 的高程是 102 m，A 点恰好在某一条等高线上，则 A 点的高程与该等高线的高程不相同。（　）
28. 同一幅地形图上，等高线平距是固定的。（　）
29. 不同等高线上的各点，其高程有可能相等。（　）
30. 等高线的疏密反映了该地区的坡度陡、缓、均匀。（　）
31. 一幅地形图上，等高距是指相邻两条等高线间的高差。（　）
32. 首曲线不能明显表示局部地貌，规定可按 1/2 等高距描绘的等高线，称为间曲线，在图上用细实线表示。（　）

33. 地形图中,山脊线为一组凸向高处的等高线。 ( )
34. 助曲线是按 1/2 基本等高距描绘的等高线。 ( )
35. 间曲线和助曲线属于等高线,所以它们在地形图上也必须闭合。 ( )
36. 在测绘地形图时,等高距的大小是根据测图比例尺与测区地面坡度来确定。 ( )
37. 不同高程的等高线,不能相交或重合。 ( )
38. 绘制等高线时,首曲线需要加粗,且其高程刚好是 $5h_d$ 的整数倍(h_d 为等高距)。 ( )
39. 等高线穿过地物时,需保持等高线的完整性,不能中断。 ( )
40. 测绘地形图时,碎部点的高程注记在点的右侧、字头应坐南朝北。 ( )
41. 在地形图中,不能确定任意点的平面直角坐标。 ( )
42. 在地形图中确定 *AB* 两点的实地水平距离,只能用直尺直接从地形图上量取,再根据比例尺换算。 ( )
43. 在一般情况下纵断面图的高程比例尺和平距比例尺相同。 ( )
44. 汇水面积的边界线是由一系列山脊线连接而成。 ( )
45. 在利用地形图绘制已知方向的纵断面图时,一般以横轴表示水平距离,以纵轴表示高程。 ( )
46. 在地形图中确定 *AB* 直线的坐标方位角,图解法比解析法精度高。 ( )
47. 据地形图无法确定地形图上某直线的坐标方位角。 ( )
48. 用解析法确定地形图上两点间的距离只要知道两点间的图上距离和比例尺就可以了。 ( )
49. 纵断面图的纵轴表示高程。 ( )
50. 用解析法确定地形图上 *AB* 直线坐标方位角时,不用求出 *A*、*B* 两点的平面坐标。 ( )
51. 坡度一般用百分数或千分数来表示,其中“ - ”为上坡,“ + ”为下坡。 ( )

四、简答与计算题

1. 什么是比例尺精度? 它在地形图测绘工作中有何作用?

2. 等高线有哪些特性?

3. 简述经纬仪测绘法在一个测站上的工作程序。

4. 什么是极坐标法？简述极坐标法测定碎部点的过程。

5. 以一个测站为例，简述用全站仪进行数字化测图的工作步骤。

6. 什么是等高线？等高距？等高线平距？

7. 两相邻地貌特征点，高程分别为 152.46 m、175.68 m，等高距为 1 m，试计算它们之间有几根等高线？高程各为多少？共有几条计曲线和首曲线？

第四部分 习题答案

项目一 测量知识准备

一、单选题

1－5:CDADD　6－10:ADCAA　11－15:CADCC　16－20:BDBCC
21－25:BBABA　26－30:CDCDB　31－35:DCBCB　36－40:DAABD
41－45:CDBAC

二、多选题

1. ABD　2. ABC　3. ACE　4. AB　5. AB　6. AB

三、判断题

1－5:××√√√　6－10:××√×√　11－15:√×√×√
16－20:√×××√　21－25:√√√×√　26－30:√××√×
31－35:√√√√√　36－40:××√√√

四、简答题

1. 简述测定和测设的区别。

答案:测定是用测量方法将地物和地貌测绘到图纸上;
　　测设是将设计在图纸上的建筑物用测量的方法标定在地面上。

2. 简述测量平面直角坐标系与数学坐标系的不同点。

答案:不同点包括以下几点:

(1)x,y 轴互异。

测量平面直角坐标系以过原点的南北线即子午线的投影为纵坐标轴,定为 X 轴,过原点东西线即赤道线的投影为横坐标轴,定为 Y 轴。数学坐标系横坐标轴为 X 轴,纵坐标轴为 Y 轴。

(2)表示直线方向的方位角定义不同。

测量平面直角坐标系以 X 轴正向为始边,顺时针方向转定方位角 α;数学坐标系以 X 轴正向为始边,逆时针方向转动倾斜角 α。

(3)坐标象限不同。

测量平面直角坐标系象限从 X 轴正向 Y 轴正向顺时针方向旋转分为Ⅰ、Ⅱ、Ⅲ、Ⅳ象限;数学坐标系从 Y 轴正向 X 轴正向逆时针方向旋转分为Ⅰ、Ⅱ、Ⅲ、Ⅳ象限。

相同点：三角函数计算公式相同。

3. 什么是绝对高程、相对高程和高差？

答案：(1)绝对高程：地面点沿铅垂线方向至大地水准面的距离，亦称为海拔。

(2)相对高程：地面点沿铅垂线方向至任意水准面的距离，亦称为独立高程。

(3)高差：两点高程之差。

4. 确定地面点位要做哪些基本测量工作？

答案：角度测量、距离测量和高差测量。

项目二　测量误差传播

一、单选题

1－5：DCDDD　　6－10：DDDAD　　11－15：BABCA　　16－21：CBACDB

二、判断题

1－5：√√√√√　　6－10：√×√××　　11－15：√×√√√

16－20：×√√××　　21－25：××√√×

三、简答与计算题

1. 何谓系统误差和偶然误差？偶然误差有哪些统计特性？

答案：(1)系统误差：在一些观测中，如果出现的误差在符号和数值上都相同或呈现出一定的规律性，这种误差称为系统误差。

(2)偶然误差：在同样的观测条件下，对某一个量进行一系列的观测，若误差在符号和数值大小上均不同，也看不出有什么明显的规律性，这样的误差我们称为偶然误差。

(3)偶然误差统计特性：观测误差的绝对值不会超过一定的限值，称为偶然误差的有界性；观测值中，绝对值较小的误差比绝对值较大的误差出现的概率大，称为偶然误差的居中性；绝对值相等的正负误差出现的概率大致相等，称为偶然误差的对称性；由第三个特性可以看出，偶然误差的算术平均值极限值为0，即偶然误差具有抵偿性。

2. 怎样区分测量工作中的误差和粗差？

答案：测量中的误差是不可避免的，只要满足规定误差要求，工作中可以采取措施加以减弱或处理。

粗差的产生主要是由于工作中的粗心大意或观测方法不当造成的，含有粗差的观测成果是不合格的，必须采取适当的方法和措施剔除粗差或重新进行观测。

3. 为什么说观测值的算术平均值是最可靠值？

答案：根据偶然误差第4个特征(抵偿性)，因为算术平均值是多次观测值的平均值，当观测次数增大时，算术平均值趋近真值，故为最可靠值。

4. 在什么情况下采用中误差衡量测量的精度？在什么情况下则用相对中误差衡量测量的精度？

答案：一般在测角或水准测量时，采用中误差的方法衡量精度。在距离测量时，采用相对中误差的方法衡量精度。

5. 在相同的观测条件下，对某段距离丈量了 5 次，各次丈量的长度分别为：139.413 m、139.435 m、139.420 m、139.428 m、139.444 m。试求：

(1)距离的算术平均值；

(2)观测值的中误差；

(3)算术平均值的中误差；

(4)算术平均值的相对中误差。

答案：$\bar{l}=139.428$ m，$m=\pm0.012$ m，$m_{\bar{l}}=\pm0.005$ m，$K_{\bar{l}}=0.005/139.428=1/27\ 885$。

6. 设对某水平角进行了 5 次观测，其角度为：63°26′12″，63°26′09″，63°26′18″，63°26′15″，63°26′06″。计算其算术平均值、观测值的中误差和算术平均值的中误差。

答案：$x=63°26'12''$，$m=\pm4.7''$，$m_x=\pm2.1''$。

项目三　水准测量

一、单选题

1－5：ADDDC	6－10：AABDA	11－15：ABCBB	16－20：BCCDA
21－25：CADDA	26－30：BDDAA	31－35：AABCB	36－40：AACBB
41－45：ACBCA	46－50：BCCDC	51－55：BBDAB	56－60：ACBBD

二、多选题

1. AD	2. ABCD	3. ABCD	4. BCDE	5. AD	6. BD
7. ABCD	8. ABC	9. ABCD	10. ABCD	11. BCD	12. BCD
13. ABCD	14. ABC	15. ABC	16. ABC	17. ABC	18. ABC
19. ABCD	20. AB	21. AC	22. AC	23. BCE	24. ABCD
25. ABC	26. AC	27. ACD	28. ABC	29. ABCD	30. BD
31. ABCD	32. ABCD	33. ABC	34. ABD	35. ABCDE	

三、判断题

1－5：×××√×	6－10：√×√√×	11－15：√√××√
16－20：√×√√√	21－25：×√√×√	26－30：××√√×
31－35：×√√××	36－40：√××√√	41－45：×√√×√
46－50：√√×√×		

四、计算题

1. 如图 3-1 所示，在水准点 BM_1 至 BM_2 间进行水准测量，试在水准测量记录表 3-1 中进行记录与计算，并做计算校核（已知 $BM_1=138.952$ m，$BM_2=142.110$ m）。

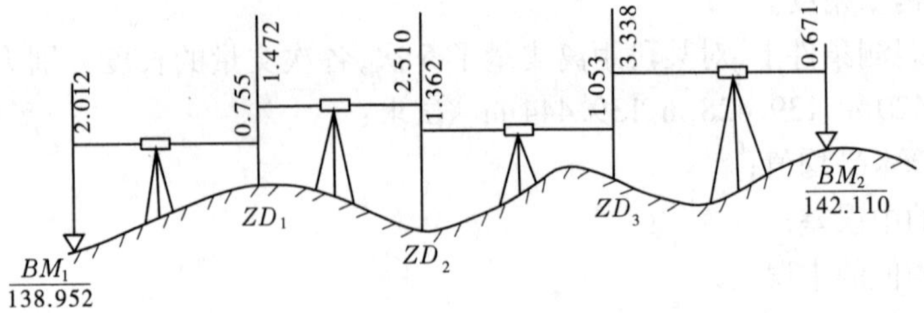

图 3-1　水准测量观测

表 3-1　水准测量记录表

测站	测点	后视读数(m)	前视读数(m)	高差(m) +	高差(m) −	高程(m)
1	BM_1	2.012		1.257		138.952
	ZD_1		0.755			
2	ZD_1	1.472			1.038	
	ZD_2		2.510			
3	ZD_2	1.362		0.309		
	ZD_3		1.053			
4	ZD_3	3.338		2.667		
	BM_2		0.671			142.110
Σ		8.184	4.989	4.233	1.038	

2. 如图 3-2 所示，已知水准点 BM_A 的高程为 33.012 m，1、2、3 点为待定高程点，水准测量观测的各段高差及路线长度标注在图中，试计算各点高程，要求在表格 3-2 中计算。

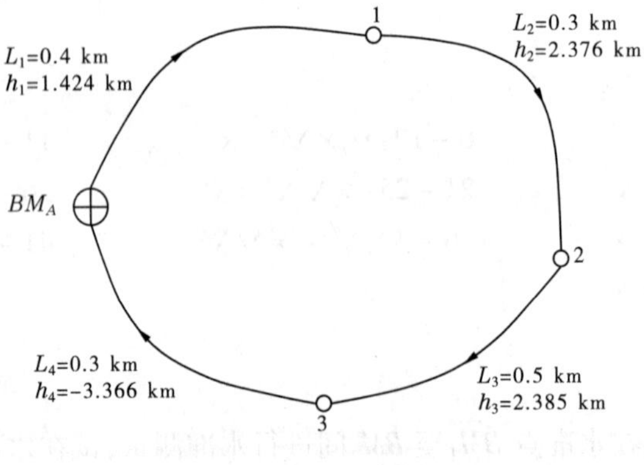

图 3-2　闭合水准路线

表 3-2 闭合水准内业计算

点号	L(km)	h(m)	v(mm)	$h+v$(m)	H(m)
A					33.012
	0.4	-1.424	+8	-1.416	
1					31.596
	0.3	+2.376	+6	+2.382	
2					33.978
	0.5	+2.385	+9	+2.394	
3					36.372
	0.3	-3.366	+6	-3.360	
A					33.012
合计	1.5	-0.029	+29	0.000	
辅助计算	$f_{h容}=\pm 40\sqrt{L}$(mm) = ±48.9(mm)				

3. 如图 3-3 所示，为一条四等附合水准路线，已知 $H_1=108.021$，$H_2=111.929$；试计算各待定点 A、B、C 的高程，要求在表格 3-3 中计算。

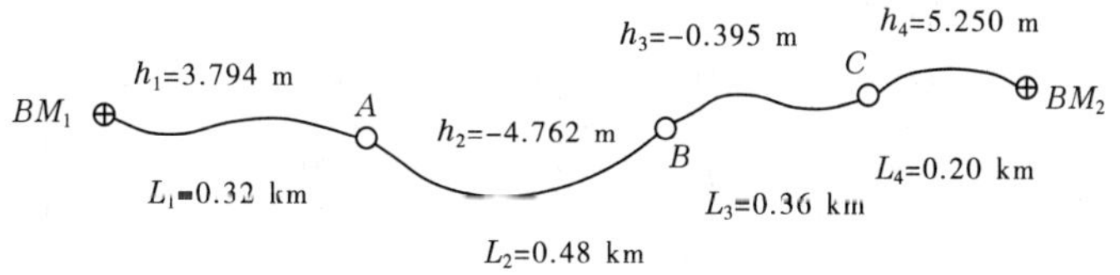

图 3-3 附合水准路线

表 3-3 附合水准内业计算

点号	L(km)	h(m)	v(mm)	$h+v$(m)	H(m)
BM_1					108.021
	0.32	3.794	+5	3.799	
A					111.820
	0.48	-4.762	+7	-4.755	
B					107.065
	0.36	-0.395	+6	-0.389	
C					106.676
	0.20	5.250	+3	5.253	
BM_2					111.929
合计	1.36	3.887	+21	3.908	
辅助计算	$f_{h容}=\pm 20\sqrt{L}$(mm) = ±23(mm)，$f_h=3.887-3.908=-0.021$(mm)				

4. 如图 3-4 所示为四等水准闭合水准路线的略图和每站的观测数据，请将每一测站四等水准测量观测手簿（见表 3-4）填写完整，并完成内业计算，计算出待定水准点的高程，要求在表格 3-5 中计算。

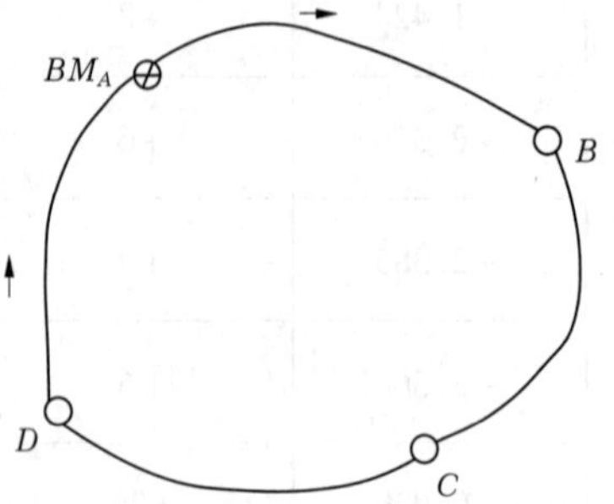

图 3-4　闭合水准路线

表 3-4　四等水准测量记录

测站编号	测点编号	后尺 上丝 / 下丝 / 后距 / 视距差 d	前尺 上丝 / 下丝 / 前距 / $\sum d$	方向及尺号	标尺读数 黑面	标尺读数 红面	K + 黑 − 红	高差中数	备注
1	BM_A — TP_1	1532	1452	后 BM_A	1407	6093	+1		
		1278	1189	前	1312	6100	−1		
		25.4	26.3	后 − 前	+0.095	−0.017	+2	+0.0940	
		−0.9	0.9						
2	TP_1 — TP_2	1454	1470	后	1258	6045	0		
		1060	1070	前	1270	5957	0		
		39.4	40.0	后 − 前	−0.012	+0.098	0	−0.0120	
		−0.6	−1.5						
		+1.9	+0.8						
3	TP_2 — TP_3	1497	1588	后	1281	5968	0		
		1069	1151	前	1375	6163	−1		
		42.8	43.7	后 − 前	−0.094	−0.195	+1	−0.0945	
		−0.9	−2.4						
4	TP_3 — TP_4	1435	1470	后	1250	6038	−1		
		1071	1101	前 B	1285	5972	0		
		36.4	36.9	后 − 前	−0.035	+0.066	−1	−0.0345	
		−0.5	−2.9						

续表 3-4

测站编号	测点编号	后尺 上丝 / 下丝	前尺 上丝 / 下丝	方向及尺号	标尺读数		K＋黑－红	高差中数	备注
		后距	前距		黑面	红面			
		视距差 d	$\sum d$						
1	B—TP_1	1607	1570	后 B	1439	6125	＋1		
		1266	1227	前	1398	6186	－1		
		34.1	34.3	后－前	＋0.041	－0.061	＋2	＋0.040	
		－0.2	－0.2						
2	TP_1—TP_2	1517	1543	后	1357	6142	＋2		
		1197	1214	前	1380	6068	－1		
		32.0	32.9	后－前	－0.023	＋0.074	＋3	－0.0245	
		－0.9	－1.1						
3	TP_2—TP_3	1598	1510	后	1416	6103	0		
		1232	1163	前	1331	6118	0		
		36.6	34.7	后 前	＋0.085	－0.015	0	＋0.085	
		＋1.9	＋0.8						
4	TP_3—C	1538	1527	后	1352	6138	＋1		
		1168	1145	前 C	1335	6021	＋1		
		37.0	38.2	后 前	＋0.017	＋0.117	0	＋0.017	
		－1.2	－0.4						
1	C—TP_1	1640	1545	后 C	1450	6138	－1		
		1256	1163	前	1354	6142	－1		
		38.4	38.2	后－前	＋0.096	－0.004	0	＋0.096	
		＋0.2	＋0.2						
2	TP_1—D	1592	1762	后	1330	6115	＋2		
		1062	1232	前 D	1498	6184	＋1		
		53.0	53.0	后－前	－0.168	－0.069	＋1	－0.1685	
		0	＋0.2						
1	D—TP_1	1452	1438	后 D	1268	5952	＋3		
		1080	1050	前	1242	6029	0		
		37.2	38.8	后－前	＋0.026	－0.077	＋3	＋0.0245	
		－1.6	－1.6						
2	T_1—TP_2	1299	1318	后	1154	5941	0		
		1009	1009	前	1162	5850	－1		
		29.0	29.9	后－前	－0.008	＋0.091	＋1	－0.0085	
		－0.9	－2.5						

续表 3-4

测站编号	测点编号	后尺 上丝 / 下丝	前尺 上丝 / 下丝	方向及尺号	标尺读数 黑面	标尺读数 红面	K+黑-红	高差中数	备注
		后距	前距						
		视距差 d	$\sum d$						
3	TP_2—TP_3	1345	1287	后	1198	5882	+3		
		1090	1031	前	1178	5966	-1		
		25.5	25.6	后-前	+0.020	-0.084	+4	+0.018	
		-0.1	-2.6						
4	TP_3—BM_A	1282	1300	后	1167	5953	+1		
		1050	1071	前 BM_A	1183	5870	0		
		23.2	22.9	后-前	-0.016	+0.083	+1	-0.0165	
		+0.3	-2.3						

表 3-5　闭合水准路线内业计算

点号	L(km)	h(m)	v(mm)	$h+v$(m)	H(m)
BM_A					72.000
	0.29	-0.047	-5	-0.052	
B					71.948
	0.27	+0.118	-5	+0.113	
C					72.061
	0.18	-0.072	-3	-0.075	
D					71.986
	0.23	+0.018	-4	+0.014	
BM_A					72.000
合计	0.97	0.017	-17	0	
辅助计算	$f_h=0.017$ m　$f_{h容}=\pm 20\sqrt{L}=\pm 19.6$ mm　$f_h<f_{h容}$				

项目四　角度测量

一、单选题

1-5:CBDBA　6-10:ABCCB　11-15:BBCBA　16-20:CAABA

21-25:DAAAB　26-30:ADCBD　31-35:CBAAB　36-42:DBCCDAB

二、多选题

1. BCD　2. ADE　3. ACDE　4. ABCDE　5. AB　6. AB　7. ABC

8. ABC　　9. ABC　　10. ABC　　11. BCDE　　12. ABCE

三、判断题

1－5：×√√×√　　6－10：××√×√　　11－17：×××√√×√

四、简答与计算题

1. 简述经纬仪测回法观测∠*ABC* 一个测回的方法与步骤。

答案：将经纬仪安置在测站点 *B* 上，对中整平后，用盘左照准目标 *A*，将度盘设置在略大于0°，读记度盘读数 $a_{左}$，顺时针转动照准部照准目标 *C*，读记度盘读数 $c_{左}$，上半测回角值 $\beta_{左}=c_{左}-a_{左}$；用盘右照准目标 *C*，读记度盘读数 $c_{右}$，逆时针转动照准部照准目标 *A*，读记度盘读数 $a_{右}$，下半测回角值 $\beta_{右}=c_{右}-a_{右}$。一个测回的角值：$\beta=1/2(\beta_{左}+\beta_{右})$。

2. 测回法水平角观测记录计算。

表 3-6　测回法水平角观测记录

测站	目标	竖盘位置	水平度盘读数 (° ′ ″)	半测回角值 (° ′ ″)	一测回角值 (° ′ ″)
B	*A*	左	0 01 24	111 39 54	111 39 51
	C		111 41 18		
	A	右	180 01 48	111 39 48	
	C		291 41 36		

3. 试完成表 3-7 中垂直角观测手簿的计算。

表 3-7　垂直角观测与计算

测站	目标	竖盘位置	竖盘读数 (° ′ ″)	半测回垂直角 (° ′ ″)	指标差 (″)	一测回垂直角 (° ′ ″)	备注
O	*M*	左	85 23 48	+4 36 12	+06	+4 36 18	
		右	274 36 24	+4 36 24			
	N	左	91 20 18	−1 20 18	+12	−1 20 06	
		右	268 40 06	−1 19 54			
	P	左	92 16 30	−2 16 30	+15	−2 16 15	
		右	267 44 00	−2 16 00			

4. 在 *O* 点假设经纬仪，观测目标 *A*、*B* 两者间的水平角，分别观测了以下数据：0°00′48″、72°38′18″、252°37′54″、180°00′36″、90°01′00″、162°38′24″、342°38′12″、270°00′42″，试填写表 3-8并计算 *A*、*B* 间的水平角。

表 3-8　水平角计算

测站	测回数	目标	水平度盘读数 盘左 (°　′　″)	水平度盘读数 盘右 (°　′　″)	半测回角值 (°　′　″)	一测回角值 (°　′　″)	各测回角值 (°　′　″)
O	1	A	0　00　48	180　00　36	72　37　30	72　37　24	72　37　26
		B	72　38　18	252　37　54	72　37　18		
	2	A	90　01　00	270　00　42	72　37　24	72　37　27	
		B	162　38　24	342　38　12	72　37　30		

项目五　距离测量

一、单选题

1－5:CBBAB　　6－10:DCBAB　　11－15:ACDDA　　16－20:BACDA
21－25:ADBBB　　26－30:BDDBA　　31－33:CAB

二、多选题

1. ABD　2. ABD　3. BCD　4. ACDE　5. ABC　6. ABCDE　7. ADE
8. ABCDE　9. ABC　10. ABD　11. AD　12. BCD　13. ABD　14. ABCD
15. ACD　16. AE　17. ABCDE　18. ABC　19. BCE　20. ABD　21. BC
22. ABCD　23. ABCDE　24. ABC

三、判断题

1－5:√√×√×　　6－10 :√√××√　　11－15:√××√×　　16－17:××

四、简答与计算题

1. 某钢尺的尺长方程式为:$l_t=30-0.005+1.25\times10^{-5}\times30\times(t-20)$ m,今用此钢尺按标准拉力在 $t=12$ ℃时量得 A、B 的斜长为 126.174 m,A、B 两点间的高差为 0.6 m,A、B 两点间的实际水平距离是多少?

答案:$\Delta l_L=-\dfrac{0.005}{30}\times126.174=-0.021(\mathrm{m})$

$\Delta l_T=1.25\times10^{-5}(12-20)\times126.174=-0.013(\mathrm{m})$

$\Delta l_h=\dfrac{-0.6^2}{2\times126.174}=-0.001(\mathrm{m})$

$D_{AB}=126.174-0.021-0.013-0.001=126.139(\mathrm{m})$

2. 在测站 A 进行视距测量,仪器高 $i=1.45$ m,望远镜盘左照准 B 点标尺,中丝读数

$v=2.56$ m，视距间隔为 $l=0.586$ m，竖盘读数 $L=93°28'$，求水平距离 D 及高差 h。

答案：$D=Kl\cos^2\alpha=58.386$ m

$h=\frac{1}{2}Kl\sin2\alpha+i-v=2.427(\mathrm{m})$

3. 简述全站仪的基本功能和测角、测距时的基本使用方法。

答案：水平角度测量：

(1)按角度测量键，使全站仪处于角度测量模式，照准第一个目标 A；

(2)设置 A 方向的水平度盘读数为 $0°00'00''$；

(3)顺时针旋转望远镜，照准第二个目标 B，此时显示的水平度盘读数即为两个方向间的水平角度。

距离测量：

(1)设置棱镜常数。

测距前须将棱镜常数输入仪器中，仪器会自动对所测距离进行改正。

(2)设置大气改正值或气温、气压值。

光在大气中的传播速度会随着大气的温度和气压而变化，15 ℃和 760 mmHg 是仪器设置的一个标准值，此时的大气改正为 0 ppm。实测时，可输入温度和气压值，全站仪会自动计算大气改正值(也可直接输入大气改正值)，并对测距结果进行改正。

(3)量仪器高、棱镜高并输入全站仪。

(4)距离测量。

照准目标棱镜中心，按测距键，距离测量开始，测距完成时显示斜距、平距和高差。

项目六　三角高程测量

一、单选题

1－5：ABCCB　6－10：CBDAB　11－15：BCADA　16－17：DD

二、多选题

1. ABC　2. ABCD　3. AB　4. AB　5. CD　6. ABCD

三、判断题

1－5：×√×√×　6－11：√√√√√×

四、简答与计算题

1. 写出三角高程测量高差计算的基本公式和直反觇高程计算的公式。

答案：设 A 为已知点，B 为待定点，则高差计算公式：

$h_{AB}=D_{AB}\cdot\tan\alpha_{AB}+i-v+f$

高程计算公式：$H_B=H_A+h_{AB}$　直觇

$H_B=H_A-h_{BA}$　反觇

2. 简述三角高程测量高程计算的步骤。

答案:(1)计算三角高程路线各条边的平均高差;(2)计算高差闭合差;
(3)进行高差闭合差调整;　　(4)计算改正后高差;
(5)推算待定点高程。

3. 简述如何处理地球曲率与大气折光对三角高程的影响?它们对高差会产生什么影响?

答案:用直觇和反觇对向观测的方法可以抵消地球曲率与大气折光对三角高程的影响,即球气差的影响。

球气差对高差影响的计算公式:$f \approx 0.43\dfrac{D^2}{R}$。

4. 如图 3-5 所示,已知水准点 A 的高程为 180.56 m,水准点 B 的高程为 179.72 m,点 P_1、P_2 为待定高程点,通过布设附合三角高程路线,采用三角高程直觇和反觇的方法观测各段高差,具体观测量如表 3-9 所示,试计算 h_{AP_1}、$h_{P_1P_2}$ 和 h_{P_2B} 及 P_1、P_2 点的高程。

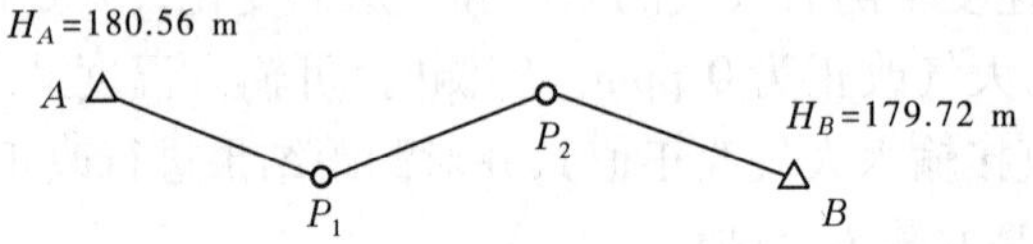

图 3-5　附合三角高程路线观测略图

表 3-9　三角高程测量计算表格

测站点	A	P_1	P_1	P_2	P_2	B
觇点	P_1	A	P_2	P_1	B	P_2
觇法	直觇	反觇	直觇	反觇	直觇	反觇
平距 D	974.27	974.27	564.40	564.40	842.20	842.20
垂直角 α	1°06′35″	−1°03′20″	2°26′50″	−2°21′06″	−2°50′15″	2°48′20″
仪器高 i	1.49	1.52	1.50	1.52	1.58	1.50
目标高 v	2.00	2.00	2.00	2.00	2.00	2.00
两差改正 f	0.06	0.06	0.02	0.02	0.05	0.05
单向高差	18.41	−18.39	23.64	−23.63	−42.71	42.73
平均高差	18.40		23.64		−42.73	

表 3-10　附合三角高程路线内业计算表

点号	L(km)	h(m)	v(mm)	$h+v$(m)	H(m)
A					180. 56
	974. 27	+18. 40	-0. 07	+18. 33	
P_1					198. 89
	564. 40	+23. 64	-0. 04	+23. 60	
P_2					222. 49
	842. 20	-42. 72	-0. 05	-42. 77	
B					179. 72
合计	2 380. 87	-0. 68	-0. 16	-0. 84	
检核:$f_h=\sum h-(H_B-H_A)=+0.16$　$f_{h容}=\pm 2/7h=\pm 0.29$m($h=1$ m)					

项目七　直线定向与坐标测量

一、单选题

1-5:CCADD　6-10:DCCAB　11-15:BCDDC　16-20:AAACB
21-25:BAADB　26-30:CABDC　31-35:BAADA　36-40:ABBCD
41-45:DABDD　46-48:AAC

二、多选题

1. AC　2. BE　3. ABC　4. AB　5. AD　6. ACD
7. AC　8. ADE　9. AC　10. ABDE　11. ABC　12. BC

三、判断题

1-5:√×√√×　6-10:√×××√　11-15:√√×√×

四、简答与计算题

1. 什么是方位角和象限角？并写出它们之间的关系式。

答案：方位角——从标准方向线的北端起顺时针转到直线的水平角度。

象限角——从标准方向线的北端或南端起转到直线小于90°的锐角。

它们之间的关系式:第一象限 $\alpha=R$　第二象限 $\alpha=180°-R$

第三象限 $\alpha=180°+R$　第四象限 $\alpha=360°-R$

2. 什么是坐标正算？什么是坐标反算？分别写出它们的计算公式。

答案:坐标正算——已知直线一个端点的坐标、直线的长度和方位角,求直线另一个端点坐标的计算。

坐标反算——已知直线两个端点的坐标,求直线的长度和方位角的计算。

坐标正算公式:$\begin{cases}\Delta x_{AB}=S_{AB}\cdot\cos\alpha_{AB}\\ \Delta y_{AB}=S_{AB}\cdot\sin\alpha_{AB}\end{cases}$　$\begin{cases}x_B=x_A+\Delta x_{AB}\\ y_B=y_A+\Delta y_{AB}\end{cases}$

坐标反算公式：$\tan\alpha_{AB}=\frac{y_B-y_A}{x_B-x_A}=\frac{\Delta y_{AB}}{\Delta x_{AB}}$

$S_{AB}=\sqrt{(x_B-x_A)^2+(y_B-y_A)^2}=\sqrt{\Delta x_{AB}^2+\Delta y_{AB}^2}$

3. 如图 3-6，已知 AB 边的方位角为 110°，试计算 BC、CD 边的坐标方位角。

答案：$\alpha_{BC}=110°+120°-180°=50°$

$\alpha_{CD}=50°+180°-100°=130°$

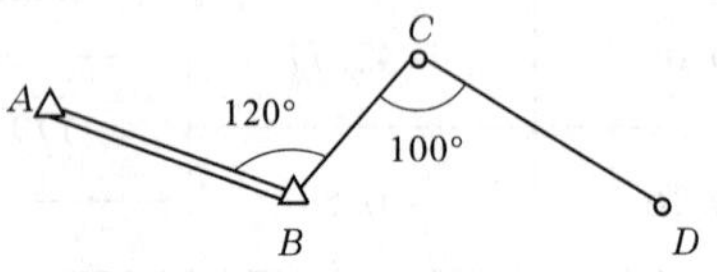

图 3-6　坐标方位角推算

4. 已知 A 点的坐标 $X_A=441.29$ m，$Y_A=443.20$ m；AB 两点的距离 $D_{AB}=190.78$ m，AB 边的方位角为 158°40′24″，试计算 B 点的坐标（保留两位小数）。

答案：$\Delta X_{AB}=D_{AB}\cos\alpha_{AB}=190.78\times\cos158°40'24''=-177.72$

$\Delta Y_{AB}=D_{AB}\sin\alpha_{AB}=190.78\times\sin158°40'24''=69.38$

$X_B=X_A+\Delta X_{AB}=263.57$　　　$Y_B=Y_A+\Delta Y_{AB}=512.58$

5. 已知 A 点坐标为（5 773.633，4 244.098），B 点坐标为（6 190.496，4 193.614），则 AB 边的坐标方位角和水平距离分别是多少？

答案：$\Delta X_{AB}=6\ 190.496-5\ 773.633=416.863$

$\Delta y_{AB}=4\ 193.614-4\ 244.098=-50.484$

$D_{AB}=419.909$

$\alpha_{AB}=353°05'41''$

6. 全站仪坐标测量时的基本操作包括哪些内容？

答案：（1）设定测站点的三维坐标。

（2）设定后视点的坐标或设定后视方向的水平度盘读数为其方位角。当设定后视点的坐标时，全站仪会自动计算后视方向的方位角，并设定后视方向的水平度盘读数为其方位角。当设定后视点的坐标时，全站仪会自动计算后视方向的方位角，并设定后视方向的水平度盘读数为其方位角。

（3）设置棱镜常数。

（4）设置大气改正值或气温、气压值。

（5）量仪器高、棱镜高并输入全站仪。

（6）照准目标棱镜、按坐标测量键，全站仪开始测距并计算显示测点的三维坐标。

7. A、B、C 三点的坐标列于表 3-11，试计算边长 AB、CD 的水平距离 D、象限角 R 和坐标方位角 α，计算结果填入表 3-11 中。

答案：

$\Delta X_{AB}=44\ 955.270-44\ 967.766=-12.496$

$\Delta Y_{AB}=23\ 410.231-23\ 390.405=18.826$

$\Delta X_{AC}=45\ 022.862-44\ 967.766=55.096$

$\Delta Y_{AC}=23\ 367.244-23\ 390.405=-23.161$

表 3-11

点名	X 坐标(m)	Y 坐标(m)	边长 AB	边长 AC
A	44 967.766	23 390.405	$D_{AB}=22.596$	$D_{AC}=59.766$
B	44 955.270	23 410.231	$R_{AB}=56°25'31''$	$R_{AC}=22°48'02''$
C	45 022.862	23 367.244	$\alpha_{AB}=123°34'29''$	$\alpha_{AC}=337°11'58''$

项目八　导线测量

一、单选题

1－5:BACBB　6－10:ADDAC　11－15:CCACC　16－20:CADBC
21－25:DACBC　26－30:AACCD　31－37:BDBCABA

二、多选题

1. ABCD　2. ABDE　3. ABC　4. ABC　5. ABCD　6. ABCD　7. AC
8. ABC　9. CD　10. ABC　11. ABCD　12. ABD　13. ABCD　14. ABC
15. BC

三、判断题

1－5: ××√√√　6－10: √×√√√　11－15:√××√×　16－19:√√√×

四、简答与计算题

1. 简要说明布设测量控制网应遵循的原则。
答案:从整体到局部,由高级到低级,分级布网,层层控制,逐级加密。
2. 简述闭合导线与附合导线的检核条件。
答案:闭合导线的检核条件:
(1)实测的内角和应等于多边形内角和的理论值;
(2)实测的坐标增量应该等于零。
附合导线的检核条件:
(1)根据实测的转折角推算出的终止边的方位角,应该等于它的已知方位角。
(2)实测的坐标增量应该等于已知的坐标增量。
3. 导线坐标计算的一般步骤是什么?
答案:
(1)角度闭合差的计算与调整;
(2)方位角推算;
(3)计算坐标增量;
(4)坐标增量闭合差的计算与调整;
(5)推算导线点坐标。
4. 某一附合导线的外业观测成果整理如表 3-12 所示,试计算导线点 1、2、3 的平面坐标。

表 3-12

点号	观测角值 β(左) (° ′ ″)	坐标方位角 (° ′ ″)	边长 (m)	坐标增量 (m) ΔX	ΔY	改正后坐标增量(m) ΔX′	ΔY′	坐标值(m) X	Y
A									
		218 36 24							
B	+15 63 47 26							865.44	946.07
		102 24 05	267.22	+0.03 −57.39	−0.06 260.98	−57.36	260.92		
1	+15 140 36 06							808.08	1 206.99
		63 00 26	103.76	+0.01 47.09	−0.02 92.46	47.10	92.44		
2	+15 235 25 24							855.18	1 299.43
		118 26 05	154.65	+0.02 −73.64	−0.03 135.99	−73.62	135.96		
3	+15 100 17 57							781.56	1 435.39
		38 44 17	178.43	+0.02 139.18	−0.04 111.65	139.20	111.61		
M	+15 267 33 17							920.76	1 547.00
		126 17 49							
N									
Σ			704.06	55.24	601.08	55.32	600.93		
				−0.08	+0.15				

检核条件:$f_x = 55.24 - 55.32 = -0.08$ m　　$f_y = 601.08 - 600.93 = +0.15$ m

$f_d = 0.17$ m　　$k = 0.17/704.06 = 1/4\ 100$

5. 如图 3-7 所示闭合导线略图,外业观测数据如表 3-13 所示。

已知:$X_{G01} = 8\ 426.052$　$Y_{G01} = 2\ 873.165$　$\alpha_{G02 \to G01} = 77°47'46''$,列表(见表 3-13、表 3-14)计算各图根导线点坐标。

表 3-13　闭合导线外业观测数据

测站	观测角	水平角 (° ′ ″)	距离 (m)
G_{02}			
G_{01}	θ	216 43 39	
			127.651
N_1	β_1	160 34 36	
			209.778
N_2	β_2	75 31 12	
			106.848
N_3	β_3	117 11 33	
			205.176
N_4	β_4	102 30 42	
			123.684
G_{01}	β_5	84 10 57	
N_1			

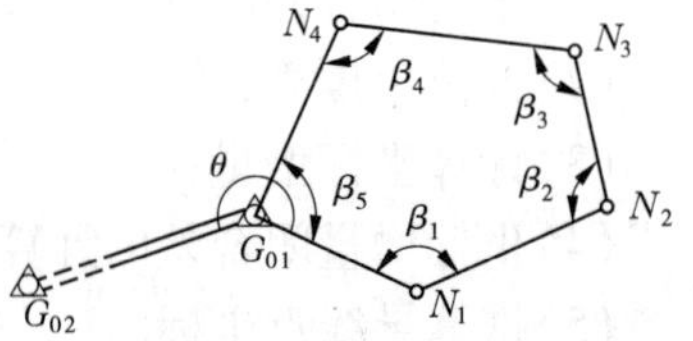

图 3-7　闭合导线略图

表 3-14　闭合导线内业计算

点号	观测角值 β(左) (° ′ ″)	坐标 方位角 (° ′ ″)	边长 (m)	坐标增量(m) ΔX	 ΔY	改正后坐标增量(m) ΔX′	 ΔY′	坐标值(m) X	 Y
G_{02}		77 47 46							
		114 31 25							
G_{01}	216 43 39							8 426.052	2 873.165
		95 06 13	127.651	+0.015 −11.355	−0.025 127.144	−11.340	127.119		
N_1	+12 160 34 36							8 414.712	3 000.284
		350 37 37	209.778	+0.025 206.977	−0.041 −34.165	207.002	−34.206		
N_2	+12 75 31 12							8 621.714	2 966.078
		287 49 22	106.848	+0.013 32.703	−0.021 −101.720	32.716	−101.741		
N_3	+12 117 11 33							8 654.430	2 864.337
		210 20 16	205.176	+0.023 −177.079	−0.039 −103.634	−177.056	−103.673		
N_4	+12 102 30 42							8 477.374	2 760.664
		114 31 25	123.684	+0.014 −51.336	−0.024 112.525	−51.322	112.501		
G_{01}	+12 84 10 57							8 426.052	2 873.165
合计			773.137	−0.090	+0.150	0	0		

$$f_x = -0.090\ \text{m} \quad f_y = +0.150\ \text{m} \quad f = 0.175$$

$$K = f/\sum d = 1/4\ 400$$

6. 如图 3-8 所示，为图根闭合导线的略图和每个转折角的观测数据，请完成表 3-15 测回法观测手簿计算，并完成图根闭合导线内业计算，计算出待定导线点的坐标，填写在表 3-16。

表 3-15　测回法观测手簿

测点	测回	竖盘	目标	水平度盘读数 (° ′ ″)	半测回角值 (° ′ ″)	一测回角值 (° ′ ″)	各测回 平均角值 (° ′ ″)	边长
A	1	左	F	0 10 00	96 46 00	96 45 59	96 45 59	边长名：AB 边长：64.195 m 边长：64.196 m 边长：64.197 m 边长：64.196 m 平均 = 64.196 m
			B	96 56 00				
		右	B	276 57 27	96 45 58			
			F	180 11 29				
A	2	左	F	90 10 00	96 46 00	96 45 59		
			B	186 56 00				
		右	B	6 55 58	96 45 58			
			F	270 10 00				

续表 3-15

测点	测回	竖盘	目标	水平度盘读数 (° ′ ″)	半测回角值 (° ′ ″)	一测回角值 (° ′ ″)	各测回 平均角值 (° ′ ″)	边长
B	1	左	A	0 10 00	169 01 04	169 01 12	169 01 10	边长名: BC 边长:56.481 m 边长:56.482 m 边长:56.481 m 边长:56.480 m 平均 = 56.481 m
			C	169 11 04				
		右	C	349 11 06	169 01 19			
			A	180 09 47				
B	2	左	A	90 10 00	169 01 03	169 01 09		
			C	259 11 03				
		右	C	79 11 01	169 01 14			
			A	270 09 47				
C	1	左	B	0 10 00	95 18 57	95 18 53	95 18 54	边长名: CD 边长:64.483 m 边长:64.484 m 边长:64.484 m 边长:64.485 m 平均 = 64.484 m
			D	95 28 57				
		右	D	275 28 54	95 18 49			
			B	180 10 05				
C	2	左	B	90 10 00	95 18 56	95 18 56		
			D	185 28 56				
		右	D	5 28 53	95 18 56			
			B	270 09 57				
D	1	左	C	0 10 00	95 10 18	95 10 08	95 10 04	边长名: DE 边长:56.796 m 边长:56.796 m 边长:56.796 m 边长:56.797 m 平均 = 56.796 m
			E	95 20 18				
		右	E	275 20 14	95 09 58			
			C	180 10 16				
D	2	左	C	90 10 00	95 10 01	95 10 00		
			E	185 20 01				
		右	E	5 19 51	95 09 59			
			C	270 09 52				
E	1	左	D	0 10 00	168 15 54	168 15 41	168 15 49	边长名: EF 边长:65.167 m 边长:65.167 m 边长:65.167 m 边长:65.166 m 平均 = 65.167 m
			F	168 25 54				
		右	F	348 26 50	168 15 28			
			D	180 11 22				
E	2	左	D	90 10 00	168 16 03	168 15 57		
			F	258 26 03				
		右	F	78 26 34	168 15 51			
			D	270 10 43				

续表 3-15

测点	测回	竖盘	目标	水平度盘读数 (° ′ ″)	半测回角值 (° ′ ″)	一测回角值 (° ′ ″)	各测回平均角值 (° ′ ″)	边长
F	1	左	E	0 10 00	95 27 21	95 27 25	95 27 20	边长名: FA
			A	95 37 21				边长:61.073 m
		右	A	275 37 21	95 27 28			边长:61.074 m
			E	180 09 53				边长:61.074 m
F	2	左	E	90 10 00	95 27 22	95 27 14		边长:61.075 m
			A	185 37 22				平均 = 61.074 m
		右	A	5 37 18	95 27 06			
			E	270 10 12				

表 3-16 导线内业计算表格

点号	观测角值 (° ′ ″)	坐标方位角 (° ′ ″)	边长 (m)	坐标增量 (m) ΔX	坐标增量 (m) ΔY	改正后坐标增量 (m) ΔX′	改正后坐标增量 (m) ΔY′	坐标值 (m) X	坐标值 (m) Y
P	134 40 06							53 022.530	46 959.466
		127 19 35							
A	+8 96 45 59							53 002.767	46 985.384
		178 45 48	64.196	−1 −64.181	+2 +1.385	−64.182	+1.387		
B	+7 169 01 10							52 938.585	46 986.771
		167 47 05	56.481	0 −55.202	+1 +11.951	−55.202	+11.952		
C	+8 95 18 54							52 883.383	46 998.723
		83 06 07	64.484	−1 +7.745	+2 +64.017	+7.744	+64.019		
D	+7 95 10 04							52 891.127	47 062.742
		358 16 18	56.796	−1 +56.770	+2 −1.713	+56.769	−1.711		
E	+7 168 15 49							52 947.896	47 061.031
		346 32 14	65.167	0 +63.376	+2 −15.172	+63.376	−15.170		
F	+7 95 27 20							53 011.272	47 045.861
		261 59 41	61.074	0 −8.505	+2 −60.479	−8.505	−60.477		
A	134 40 06							53 002.767	46 985.384
		307 19 35							
P									
Σ	719 59 16		368.198	0.003	−0.011	0	0		

$f_\beta = -44''$　$f_{\beta容} = \pm 58''$　$f_x = 0.003$　$f_y = -0.011$　$f = 0.0114$　$K = 1/33\,472$　$K_{容} = 1/14\,000$

项目九 交会测量

一、单选题

1－5：BBAAC　　6－10：ACCBA　　11－13：ADB

二、多选题

1. ABE　　2. BD

三、判断题

1－5：×√√√×　　6－11：√√√×√×

项目十 地形图测绘

一、单选题

1－5：DDCBB　　6－10：ABBAB　　11－15：AADCB　　16－20：BCCBC
21－25：BBCDB　　26－30：CBADA　　31－35：BACDA　　36－40：ADBDC
41－45：BABBD　　46－50：ABDBA　　51－55：BABDD　　56－57：AA

二、多选题

1. AC　　2. BC　　3. CD　　4. AB　　5. AB　　6. AB
7. ABC　　8. AC　　9. BC　　10. ABDE　　11. ABCD　　12. CD
13. ABD　　14. ABC　　15. AC　　16. ABD　　17. ABC　　18. ABCDE

三、判断题

1－5：×√××√　　6－10：√××√√　　11－15：√√√√√
16－20：√××√√　　21－25：√×√×√　　26－30：×××√√
31－35：√××××　　36－40：√×××√　　41－45：×××√√
46－51：×××√××

四、简答与计算题

1. 什么是比例尺精度？它在地形图测绘工作中有何作用？

答案：相当于图上0.1 mm的实地水平距离称为比例尺精度，在测图时用来决定测区地面的测量详细程度，取舍地物，在规划设计用图时，用来选择合适的比例尺地形图。

2. 等高线有哪些特性？

答案：(1)同一条等高线上各点的高程相等。

(2)等高线是闭合曲线，不能中断(间曲线除外)，若不在同一幅图内闭合，则必定在相邻的其他图幅内闭合。

(3)等高线只有在陡崖或悬崖处才会重合或相交。

(4)等高线经过山脊或山谷时改变方向,因此山脊线与山谷线应和改变方向处的等高线的切线垂直相交。

(5)在同一幅地形图内的基本等高距相同,等高线平距大表示地面坡度小;等高线平距小则表示地面坡度大;平距相等则坡度相同。倾斜平面的等高线是一组间距相等且平行的直线。

3. 简述经纬仪测绘法在一个测站上的工作程序。

答案:(1)安置仪器:包括对中、整平仪器、定向、量仪器高 h_i、测定竖盘指标差 x;

(2)测定碎部点:在特征点上立尺,照准标尺读取视距间隔 l,竖盘读数 L,记录中丝读数 v;

(3)计算水平距离、高差和高程;

(4)展绘碎部点和勾绘地形图。

4. 什么是极坐标法? 简述极坐标法测定碎部点的过程。

答案:极坐标法是根据测站点上的一个已知方向,测定已知方向与所求点方向的角度和量测测站点至所求点的距离,以确定所求点位置的一种方法。

设 A、B 为地面上的已知点,欲测定碎部点 1、2、…、n 的坐标,可以将仪器安置在 A 点,以 AB 方向作为零方向,观测水平角度 β_1、β_2、…、β_n,测定距离 S_1、S_2、…、S_n,即可利用极坐标法计算公式计算碎部点 i 的坐标。

5. 首先在测站点上架设全站仪,对中整平,同时在测站点安置棱镜,然后量取仪器高,打开全站仪,进入建站程序,输入测站点坐标 X、Y、H,仪器高,后视点坐标,棱镜高,精确照准后视棱镜中心,按确认键进行建站,进行后视点检核,建站后所测后视点坐标与已知后视点坐标比较,X、Y 不超过 ±5 cm,高程不超过 1/3 等高距,建站合格。最后进行外业碎部点采集。

6. 什么是等高线? 等高距? 等高线平距?

答案:等高线是地形图上高程相等的相邻点所连成的闭合曲线。地形图上相邻等高线间的高差,称为等高距。地形图上相邻等高线间的水平距离,称为等高线平距。

7. 两相邻地貌特征点,高程分别为 152.46 m、175.68 m,等高距为 1 m,试计算它们之间有几根等高线? 高程各为多少? 共有几条计曲线和首曲线?

答案:21 条等高线;高程各为 153 m、154 m、…、175 m;21 条首曲线,5 条计曲线。

参考文献

[1] 中华人民共和国国家质量监督检验检疫总局,中国国家标准化管理委员会. 国家三、四等水准测量规范:GB/T 12898—2009[S]. 北京:中国标准出版社,2009.

[2] 中华人民共和国住房和城乡建设部. 城市测量规范:CJJ/T 8—2011[S]. . 北京:中国建筑工业出版社,2012.

[3] 国家测绘地理信息局. 国家基本比例尺地图图式　第 1 部分:1∶500　1∶1 000　1∶2 000 地形图图式:GB/T 20257. 1—2017[S]. 北京:中国标准出版社,2018.

[4] 中华人民共和国国家质量监督检验检疫总局,中国国家标准化管理委员会. 1∶500　1∶1 000　1∶2 000 外业数字测图技术规程:GB/T 14912—2017[S]. 北京:中国标准出版社,2018.

[5] 李聚方,等. 地形测量学[M]. 郑州:黄河水利出版社,2004.

[6] 贾清亮. 测量学[M]. 郑州:黄河水利出版社,2001.

[7] 杨国清. 控制测量学[M]. 郑州:黄河水利出版社,2005.

[8] 徐宇飞. 数字测图技术[M]. 郑州:黄河水利出版社,2005.

[9] 国家测绘地理信息技术专业教学资源库《地形测量》课程资源库[DB/OL]. https://www. icve. com. cn/portal/courseinfo? courseid = spcdaign6ppo55vigxl4zg